普通高等教育精品教材

普通高等教育“十一五”国家级规划教材

中国石油和化学工业优秀教材一等奖

高分子流变学基础

史铁钧　吴德峰　编

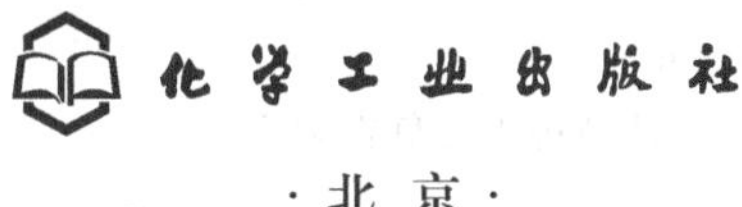

·北京·

本书是一本普通高等教育“十一五”国家级规划教材。本书是在高分子化学、高分子合成工艺原理、高分子物理以及工程力学等课程的基础上，着重介绍流变学的基本原理和高分子材料流动与变形的基本行为，努力阐明高分子材料流动变形行为与经典黏性体和弹性体之间的不同，深入讨论剪切作用、温度、压力、结构和时间等因素对高分子流变性质的影响，并介绍了流变物质的测试原理和基本研究方法。进一步为高分子材料及其制品的设计优化、加工工艺和加工设备的选择改进提供必要的理论依据。本书共分为7章，分别是：绪论、流变学的基本概念、高分子流体的流变模型、高分子流体的流动分析、高分子流体流动的影响因素、流变仪的基本原理及应用以及流动运动方程及应用。

本教材是面向化学化工、高分子材料专业本科生学习流变学的教学用书，也可作为研究生的教学参考书。

图书在版编目（CIP）数据

高分子流变学基础/史铁钧，吴德峰编．—北京：化学工业出版社，2009.1（2024.1重印）
普通高等教育精品教材
普通高等教育“十一五”国家级规划教材
中国石油和化学工业优秀教材奖
ISBN 978-7-122-04565-2

Ⅰ．高…　Ⅱ．①史…②吴…　Ⅲ．高分子材料-流变学-高等学校-教材　Ⅳ．TB324

中国版本图书馆CIP数据核字（2008）第213679号

责任编辑：杨　菁　程树珍　　文字编辑：李　玥
责任校对：李　林　　装帧设计：关　飞

出版发行：化学工业出版社（北京市东城区青年湖南街13号　邮政编码100011）
印　　装：北京科印技术咨询服务有限公司数码印刷分部
787mm×1092mm　1/16　印张8　字数192千字　2024年1月北京第1版第13次印刷

购书咨询：010-64518888　　售后服务：010-64518899
网　　址：http://www.cip.com.cn
凡购买本书，如有缺损质量问题，本社销售中心负责调换。

定　　价：37.00元　

前　言

高分子流变学是高分子材料及工程专业的必修课。本教材在高分子化学、高分子合成工艺原理、高分子物理以及工程力学等课程的基础上，着重介绍流变学的基本原理和高分子材料流动与变形的基本行为，努力阐明高分子材料流动变形行为与经典黏性体和弹性体之间的不同之处，深入讨论剪切作用、温度、压力、结构和时间等因素对高分子流变性质的影响，并介绍流变学的测试原理和基本研究方法。进一步为高分子材料及其制品的设计优化、加工工艺和加工设备的选择改进提供必要的理论依据。

本教材是面向化学化工、高分子材料专业本科生学习流变学的教学用书，也可作为研究生的教学参考书。但它并非是一本流变学的专著，不可能涉及流变学的全部内容。

由于流变学学科交叉的特点，本书力求深入浅出地讲清楚流变学最基本的理论问题，尽可能的避免烦琐的数学推导，减少读者望而生畏的情绪，使学生学会用流变学的基本原理来分析高分子材料的流变行为，提高解决问题的能力，同时为进一步学习打下必要的基础。

本书共分为 7 章：绪论、流变学的基本概念、高分子流体的流变模型、高分子流体的流动分析、高分子流体流动的影响因素、流变仪的基本原理及应用和流动运动方程及应用。

第 1 章“绪论”在介绍了流变学发展简史的基础上，明确了流变学的研究方法及对物质的科学定义。因此在第 2 章“流变学的基本概念”中，首先描述了材料发生各种变形或流动时涉及的一些基本物理量如应力、应变和应变速率以及彼此在简单流变过程中的数学关系，使读者能够对广义的流动与变形的基本力学行为有所认识；第 3 章“高分子流体的流变模型”则从基本的本构关系出发，介绍了高分子流体典型的流变行为，如剪切变稀、剪切增稠、塑性流动、触变性、黏弹性等，使学习者能够认识到高分子流体流动与变形的复杂性；然后结合加工成型，在第 4 章“高分子流体的流动分析”中重点分析了高分子流体在圆管中的压力流动，并介绍了其他一些常见的简单流动，明确了加工过程中宏观物理量如压力、转速（转矩）、流速等与高分子流体黏度间的数学关系；在此基础上，在第 5 章“高分子流体流动的影响因素”中，进一步分析了高分子结构、形态、加工温度、压力等因素对高分子流体流动的影响，让学习者能够清楚即便是简单流动，但对于高分子流体来说，其影响因素也是复杂的；而要明确这些影响因素与高分子流变行为间的定性和定量的关系，则必须利用测黏仪器通过具体的测黏方法来获得流动与变形过程中的黏度、模量等基本的力学响应，这就是第 6 章“流变仪的基本原理及应用”的主要内容；最后，第 7 章“流动运动方程及应用”介绍了流体动力学的三大基础方程，即连续性方程、运动方程和能量方程。然后在这些知识的基础上，结合成型加工实际，从物料输运的角度出发，以流变学理论分析了混炼、挤出成型、注射成型等几类常见的高分子成型过程。

作者在讲授流变学课程近 20 年的基础上，又进行了一段时间流变学研究，体会颇多。通过对本教材的编写，觉得有必要好好总结一下对流变学的认识。流变学教材应该有两项重要任务：一是能为高分子工程提供有效的计算方法，二是能够说清楚流变的本质。对于高分子流变学来说，主要要说清楚黏性、弹性和黏弹性的物理本质。就这一点来说，这些物理本质实际上都是高分子物理的基础问题。基于以上考虑，才形成了本教材的章节，即多年从事流变学教学的内容。除了阐明教材的内容外，如何理解和认识流变学对于提高学生学习流变学的兴趣是非常重要的。因此，不仅需要一本令人满意的教材，还要有比较生动的讲授方法。否则多数学生还是会觉得流变学是一门较难掌握的课程。

在本书的编写过程中，得到了合肥工业大学学校和教务处领导的大力支持，在此特别表示感谢。同时，也要感谢吴德峰博士为本书的成稿付出了辛勤劳动。本书参考了不少流变学的教材和专著，在此一并感谢这些精深学术造诣的流变学专家和学者。最后还要感谢我的老师吴大诚教授，我对流变学的认识及对流变学略有研究是从听吴大诚教授的流变学课程开始的。

限于作者水平，以及流变学涉及的概念、公式和数字非常繁多，疏漏和错误之处在所难免，敬请同行和读者批评指正。

史铁钧

2008 年 10 月

于合肥工业大学

目　录

第1章 绪 论

1.1 流变学的历史和现状

多数的教材中都将流变学定义为研究材料流动和变形的科学。这样的定义并没有考虑到材料流动的差异性和变形的差异性，也没有限定材料的本征特性，所以上述的定义是广义的，范围非常大。因此，高分子流变学也就可以定义为研究高分子材料流动和变形的科学。

流变学的早期发展来源于人类的生产活动，并体现在人类思想史的发展上。早在上古时期，我们的祖先就通过自己的聪明智慧积累了一些关于物质流动和变形的知识并在实践活动中得到应用。例如公元前1500年，古埃及人发明了一种“水钟”，它与陶制沙漏相似，用以测定容器内水层高度与时间的关系以及温度对流体黏度的影响，而实际上沙漏本身其实就是流变学最为古老、经典的应用实例之一。在计时的过程中，沙粒由于自重在不断的流动着，而其流速也随自重的变化而变化，这样不断变化着的流动与时间之间的关系正是古人流变学的思想在实践活动中的体现。类似的例子还有很多，比如我国的《墨经》中记载，早在2000多年前我们的祖先就已经将流变学的知识应用在农田灌溉、河道分流、防洪治汛等方面。

正是这些流变学知识在实践中的不断应用，反过来又进一步促进了人类对流变学思想理解的深化。公元前六世纪，古希腊哲学家赫拉克里的名言“万物皆流（Everything will flow)”在人类社会中广为流传。我国古代思想家孔子也有类似的名言：“逝者如斯夫，不舍昼夜!”这些将事物看做是运动变化的思想，实际上就是流变学中关于材料性质认识论的萌芽。

尽管先哲们早已有“万物皆流”的思想萌芽，但从自然科学的发展来看，当时人们对流变学的认识仍处于肤浅的水平。进入16世纪后，人们对这一领域的认识逐渐深入，伽利略(Galileo）提出了液体具有内聚黏性这一创举性概念；到17世纪胡克（Hooke）建立了弹性固体的应力与应变的关系；牛顿（Newton）阐明了液体阻力和剪切速率之间的关系；随后在18世纪建立的泊肃叶（Poiseuille）方程，则是该领域发展史上一个很重要的标志。黏度曾以“泊（P,1P=0.1Pa·s)”为单位，就是为纪念法国人泊肃叶而采用的。该方程指出了水或其他低分子体通过管子时，其体积流量与管径、管长、流体的黏度以及压差之间的关系。像牛顿定律那样，泊肃叶方程至今仍然被广泛应用着。

然而，流变学真正变成为一门独立的学科，是由美国物理化学家宾汉（E. C. Bingham）教授和巴勒斯坦学者雷纳（M. Reiner）于1928年创建的。1928年雷纳到美国访问并和宾汉一起工作。于是一个土木工程师和一个化学家在一起解决共同的问题时产生了学科的交叉。因此雷纳提出需要建立一个物理分支来处理这类问题，并作为连续介质力学的范畴为人们所认知。但是该领域并不局限于力学本身，因此需要有一个新名字。在这样的情况下，宾汉命名了“流变学（rheology)”的概念，词头源于古希腊语 rheo 或 rhein，即流动之意，而词根 logy 或 gos 则为科学之意，流变学一词即由此而来。次年流变学会成立，并创办了《流变学杂志》(Journal of Rheology)，它标志着流变学的诞生并开始了它的发展旅程。

直到第二次世界大战爆发为止，美国流变学会是世界上唯一的流变学会。1945 年 12 月，国际科学联合会理事会（International Council of Scientific Unions，ICSU）组织了一个流变学联合委员会，并于 1947 年举行了第一次会议，代表们来自物理、化学、生物科学、大地测量、空气物理、理论和应用力学的各个国际联合会。委员会的职能是：组织流变学家进行相互交流，对流变学的专有名词进行命名，将流变学论文进行摘要，组织黏度的测量等。自此，流变学作为一门独立的交叉学科蓬勃发展起来。而高分子流变学作为流变学的一个分支，其发展尤为迅速。

高分子流变学的发展除了受到力学、物理学和高分子材料学等学科发展的影响外，其近几十年来的快速发展主要得益于以下三方面。

① 工业发展的迫切需要。20 世纪中叶，由于石油工业提供了丰富的原料，橡胶、塑料、纤维、涂料和黏合剂五大类高分子材料得到了突飞猛进的发展，它们在人类社会的经济建设和日常生活中的地位日益重要。这类材料具有非常特殊的流变性能：流动和变形时同时具有黏性和弹性；黏弹性并非普通牛顿黏性和胡克弹性的简单线性加和，而属于非线性黏弹性；变形中会发生黏性损耗，流动时又有弹性记忆效应；应力、应变响应既不是简单线性关系，也不是一一对应的函数关系，现时应力状态往往与全部形变历史有关。

除此之外，高分子材料的流变性还强烈依赖于材料多层次的内部结构（链结构、分子结构、超分子结构、织态结构和相结构)，以及流动变形过程中内部的结构和形态的变化。换句话说，在应力或应变的作用下，材料所产生的响应可能是在不断变化着的。因此，要解决高分子材料加工和使用过程中诸多的问题，经典的弹性和黏性理论显得苍白无力，这就为流变学的研究带来极其丰富的内容和素材，从而极大地推动了流变学的发展。

② 科学理论的日趋成熟和计算水平的提高。随着非线性黏性理论和有限弹性形变理论的完善，更重要的是计算机的出现和高性能化，对材料的非线性黏弹性和流变本构方程理论的研究日益深入，并取得巨大进展。1945 年 M. Reiner 在研究流体的非线性黏性理论和有限弹性形变理论时指出，欲使爬杆现象的魏森贝格效应（Weissenberg effect）不出现，必须施加正比于转速平方的压力。随后，R. S. Rivlin 得到了不可压缩弹性圆柱体扭转时会沿轴向伸长的精确解。

近三十年来，高分子科学家和流变学家企图通过设计大分子流动模型来获得正确描述高分子材料复杂流变性的本构方程，沟通材料宏观流变性质与分子链结构、聚集态结构之间的联系，从而更深刻地理解高分子材料流动的微观物理本质，这方面研究获得了长足的进步。其中稀溶液黏弹理论发展比较完善，已经能够根据分子结构参数定量预测溶液的流变性质。对高分子浓厚体系和亚浓体系，由于 de Gennes 和 Doi-Edwards 的出色工作，将多链体系简化为一条受限制的单链体系，熔体中分子链的运动视为限制在管形空间的蛇行蠕动，从而使缠结得以处理，计算得以简化，也得到较符合实际的本构方程。这些成果无疑对高分子材料流变学乃至高分子凝聚态物理基础理论的研究具有重要的价值。与这些工作几乎同期展开的是人们对更为复杂的流动体系如高分子复合填充体系、高分子共混体系等加工流变行为的研究。迄今为止，已有一大批学者在高分子复杂流体流变学方面做了大量的工作，所得到的成果已经在高分子材料加工的诸多方面得以应用，也由此将高分子流变学的研究工作带入到一个新的层次。

③ 流动与变形测试仪器的普及和发展。随着各式各样的流变仪（如毛细管流变仪、转

矩流变仪、旋转流变仪、拉伸流变仪等）和其他测量仪器（如光散射、流动双折射等）精密化和普及化以及多功能化，各种高分子材料的物料参数，比如黏度、模量、分子量及其分布等可以很方便、快捷、准确地测定出来；在流动和变形过程中，材料的应力、应变响应及其分布也都可以较为精确地获得。这就可以从物料函数出发归纳和检验本构方程，提供工程需要的数据并对流体结构进行表征；进一步指导计算机辅助工程（CAE和CAD）、加工设备的选型和加工工艺的优化，从而为高分子流变学在实际应用中提供了有效的工具和良好的平台。

实际上自20世纪中叶以来，流变学在地质勘探、化学工业、食品加工、生物医学、国防航天、石油工业等诸多领域也都得到了非常迅速地发展，从而成为近半个世纪以来发展最快的新的科学分支之一。由于涉及的领域不同，研究的对象也不同，流变学由此逐渐产生了更为细致的学科分支，而高分子流变学是其中最重要的分支之一。

1.2 流变学的研究对象和方法

1.2.1 流变学关于物质的定义

经典力学认为，流动与变形是属于两个范畴的概念，流动是液体材料的属性，而变形是固体材料的属性。液体流动时，表现出黏性行为，产生永久变形，形变不可恢复并耗散能量。而固体变形时，表现出弹性行为。其产生的弹性形变在外力撤销时能够恢复，且产生形变时贮存能量，形变恢复时还原能量。通常液体流动时遵从牛顿流动定律，而一般固体变形时则遵从胡克定律，其应力、应变之间的响应为瞬时响应。由此可以定义，遵从牛顿流动定律的液体称为牛顿流体，遵从胡克定律的固体称为胡克弹性体。两者的区别如图1-1所示。不难发现，时间标尺是衡量流动与变形最重要的尺度之一。

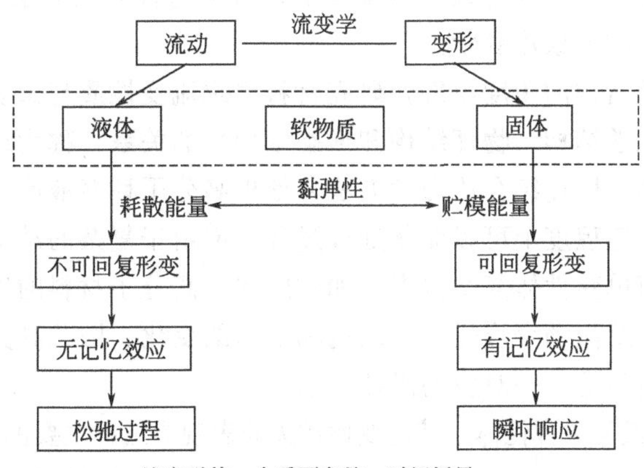

图1-1 液体流动与固体变形的一般性对比

然而人们发现，经典力学所定义的固体（包括刚体和虎克弹性体）和液体（包括完全流体和牛顿流体）往往在许多场合下并不适合于实际材料。实际的材料，如玻璃、钢铁、血液、食品、生物体、石油、山川，尤其是各种高分子材料和制品等往往表现出非常复杂的流变性质。它们在变形中会发生黏性损耗，流动时具有弹性记忆效应。对于这类材料，仅用牛顿流动定律或胡克弹性定律已无法准确地描述其复杂力学响应规律，换句话说，这类材料同时具备固体变形和液体流动的特点，在不同的外界条件下，会表现出来不同程度的流动与变形。就广义而言，流动与变形无甚区别。流动可以视为广义的变形，而变形也可以视为广义的流动。

从时间的角度出发，固体和液体两者的差别主要在于外力作用时间以及观察者观测时间的尺度不同。按地质年代计算，坚硬的地壳也在流动，地质学著名的“板块理论”揭示了亿万年来地球大陆板块的变化和运动；另一方面，如果用扁平的石头以极快的速度瞬间打击水面，甚至连水都表现出了一定的固体弹性。因此可以认为，在流变学范畴里，固体和液体并没有多少实质性的差别，不同之处在于它们在载荷的作用下自身所产生的响应快慢不同而已。所以流变学实际上就是研究力和其产生的结果对于时间依赖关系的一门学科。

为了加以区别，流变学仍然对物质进行了定义。从对物质施加应力或应变所产生的响应出发，如果施加一定的应变，物质产生的应力响应时间足够短，那么我们说该物质在既定的实验条件下是固体；但如果应力响应在可观测的时间范围内完全松弛，那么可以认为在这种情况下该物质是液体。反之，从施加应力后应变响应的变化来定义物质也是一样的道理，如图 1-2 所示。比如施加一个定载后，某一物质瞬间产生一个应变且达到平衡，即应变保持不变，此为固体；而施加定载后应变虽然瞬间产生，但却随着时间的发展而不断发展，始终无法达到平衡并最终趋于无穷大，此物质则为液体。

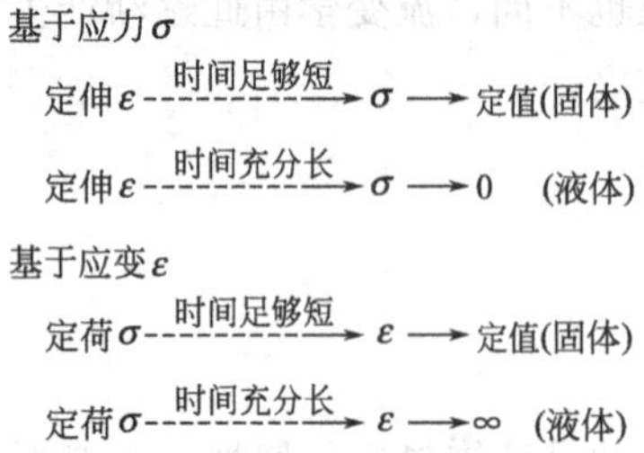

基于应力σ

定伸ε $\xrightarrow{\text{时间足够短}}$ $\sigma \longrightarrow$ 定值(固体)

定伸ε $\xrightarrow{\text{时间充分长}}$ $\sigma \longrightarrow 0$ (液体)

基于应变ε

定荷σ $\xrightarrow{\text{时间足够短}}$ $\varepsilon \longrightarrow$ 定值(固体)

定荷σ $\xrightarrow{\text{时间充分长}}$ $\varepsilon \longrightarrow \infty$ (液体)

图 1-2 流变学对物质的定义

1.2.2 流变学的研究方法

其实不管是固体还是液体，流变学在研究方法上仅有两种。

一种是将材料当作连续介质处理，用连续介质力学的数学方法进行研究，这已成为流变学研究最重要的方法之一，称为连续介质流变学。由于这种研究方法不考虑物质内部结构，因此又称为宏观流变学或唯象流变学。

另一种则是从物质结构的角度出发，研究材料宏观流变性质与微观、亚微观（介观，亦称细观）结构（包括化学结构、物理结构和形态结构）的关系，称为结构流变学，亦称为分子流变学或微观流变学。用连续介质力学方法来处理高分子稀溶液或浓溶液、熔体或本体材料的流变学问题，在一定程度上可以简化处理过程。但由于复杂的结构原因，高分子的流变性质要比简单流体或简单弹性体复杂得多。如前所述，高分子材料的流变行为强烈依赖于材料内部多层次的结构以及流动变形过程中结构和形态的变化。因此高分子材料流动与变形过程中应力、应变响应间不是一一对应的函数关系。

对于许多简单流体或简单弹性体，其流变性质无非表现为三种主要的形式：虎克弹性、宾汉塑性以及牛顿黏性，如表 1-1 所示。当施加一个不大的应力后，材料瞬时产生应变，应力去除后应变可完全回复，且应变的产生及回复都不具有时间依赖性，即瞬间完成，这称为虎克弹性；如果应变的发展正比于时间，且应力去除后应变完全不可回复，这称为牛顿黏性；而在某一临界应力之上材料才产生永久不可回复的应变，且应变的发展具有时间依赖性，这称为宾汉塑性。对于高分子材料而言，特殊的流变行为往往是它们在合成、加工和使用过程中表现出来的主要性质。除了具有复杂的切变黏度行为外，还表现出法向弹性、拉伸黏度等协同行为。而且所有这些流变性质又都依赖外场作用，如应力应变大小和历史、加工和使用温度以及退火历史等，同时也依赖于体系本征结构，如分子量、分子量分布、高分子链的形态结构等。

表 1-1　简单流变体的流变行为

流　变　性	形 变 特 征	屈 服 现 象
胡克弹性	瞬时，无时间依赖性，完全回复	无屈服
宾汉塑性	永久形变，形变随时间增大	有屈服
牛顿黏性	永久形变，形变与时间成正比	屈服应力

1.2.3　流变学关于高分子的定义

高分子材料复杂的流变性归根到底是由其内部多形态、结构的复杂性所决定的。具体来说，高分子的内部结构可以划分为以下多个层次。

(1) 一次结构（近程结构）　指单个分子的组成与构型。其中原子类型与排列、结构单元的链接顺序（头-尾、头-头、尾-尾）以及支化、交联、端基、分子量、分子量分布等链的结构属于构造问题；而主链异构［如顺式-反式（几何异构)］、侧基排列［如全同-间同-无规(旋光异构)］属于构型问题。

(2) 二次结构（构象）　指因单链内旋转而造成的单个大分子在空间存在的形状：伸展、折叠、螺旋等。这是造成高分子链有柔顺性与高弹性的根本原因。

(3) 三次结构（聚集态结构）　如无定形与结晶态，取向、液晶态结构等。

(4) 四次结构（织态结构）　结晶、非结晶型以及共混组分的相互排列结构，如高分子共混物的相结构，高分子复合材料内填充物的分布与排列以及其他一些复杂的高分子基复合材料的界面形态等。对于材料的宏观力学性能，一般而言，三次、四次等高次结构的影响更为重要。

不难想象，在外力作用下，高分子不同层次的结构对外界载荷刺激的响应是不一样的。比如高分子分子链上原子基团的振荡、键长和键角的伸缩、端基和侧基的摇摆等运动都是瞬态的过程，因此表现出线性弹性的固体特征；而分子链构象的改变、本体构象链团的变形则都具有强烈的时间依赖性，表现为非线性的黏性和弹性行为。因此，黏弹性是高分子材料流动与变形的本质特征，这是由于聚合物不同层次的结构具有不同的松弛时间所致。

诺贝尔物理学奖得主，法国科学家 de Gennes 于 1991 年创造了“软物质（soft matter)”这个概念，首次提出在人们熟知的固体和液体之间，尚存在着一类“软物质”。顾名思义，软物质是指触摸起来感觉柔软的相对于弱的外界施加给物质瞬间的或微弱的刺激，都能做出相当显著的响应和变化的一类凝聚态物质。显然，高分子溶液和熔体就是这样的一类“软物质”，它具有与其他物质不同的特征黏弹响应和流变行为。

1.3　高分子材料典型的流变行为

如前所述，高分子材料既具有固体弹性又具有液体黏性，这就使得它在流动和变形时具有许多有趣的现象，下面列举一些典型的流变现象。

(1) 魏森贝格效应　20 世纪 20 年代的流变学家们最大的兴趣只是测量黏度，并没有认真地测量剪切流动中的法向应力，直到第二次世界大战期间才开始对法向应力做系统的研究。最著名的法向应力效应要数魏森贝格效应。魏森贝格还设计了一个流变仪可测量法向应力差。他的学生鲁塞尔（Russel）则测量了法向应力差，并第一个阐述了在测黏流动中只有

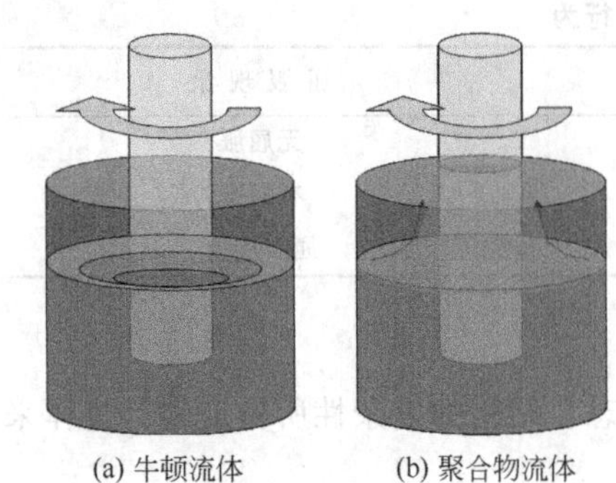

图 1-3 聚合物流体的爬杆效应

3 个材料函数控制流动。

爬杆效应是法向应力差引起的许多现象中最典型的一个。在一只盛有流体的烧杯里，旋转一根棒，对于牛顿流体，由于离心力的作用，液面将呈凹形，但是对于大多数聚合物流体，如聚合物熔体或浓溶液，液面却是凸起的，如图 1-3 所示。类似的现象不胜枚举，比如高分子化学合成中，反应进行到一定程度时，预聚体往往会在玻璃瓶中产生爬杆现象，这就是高分子流动过程中存在法向应力效应的体现。

(2) 无管虹吸现象　在两个分别盛有牛顿流体和聚合物浓溶液的烧杯中插入一根玻璃管以造成虹吸。当虹吸开始后，慢慢地将虹吸管从液体中提出，此时可以看出，牛顿流体虹吸现象中断，而非牛顿流体的聚合物浓溶液却继续呈现虹吸作用，如图 1-4 所示。这实际上是溶液可纺性的检验，许多化学纤维，如涤纶、腈纶和尼龙正是因为它们具有可纺性，才在众多高分子材料中占有不可替代的地位。

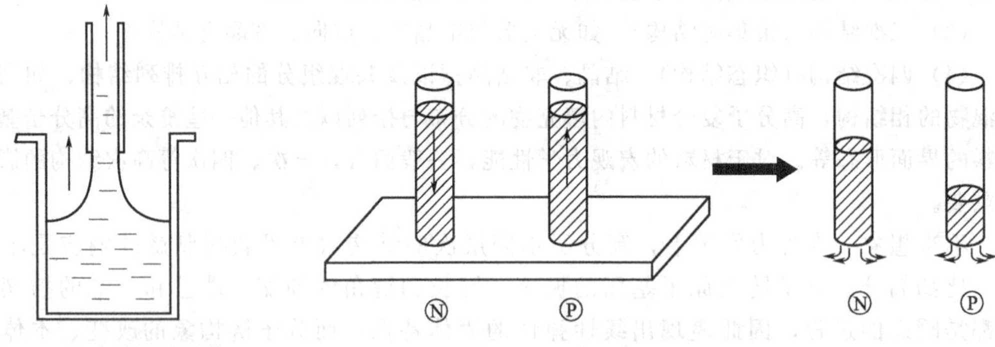

图 1-4 聚合物浓溶液的无管虹吸现象

图 1-5 高分子溶液的剪切变稀现象

(3) 剪切变稀现象　取两个相同直径和长度的玻璃管，分别装有相同黏度并高度相同的牛顿流体与高分子溶液。当底板同时抽去后可以发现高分子溶液最先流完，如图 1-5 所示。这是因为它的黏度不像牛顿流体那样只与温度有关，而是剪切速率的函数，随剪切速率上升，表观黏度下降。流动阻力的下降使得高分子溶液最先流完。这就意味着一方面我们不能用牛顿流体的黏度表达方式来设计高分子流体的输送工程；另一方面，在高分子熔融加工过程中，在加工机械的具有不同剪切速率的部位，如料斗、螺杆处、机头、喷嘴以及口模处等则需要选择不同的温度、压力等工艺条件。

(4) 挤出胀大现象　高分子熔体在加工过程中从口模处挤出时，或用毛细管流变仪、熔体指数仪进行黏度测量时，出口处的直径一般要大于流道的直径，有时可大 3～4 倍。当材料处于高弹态时，挤出胀大更为明显，在牵伸比不大的情况下会随着离开出口距离的增加而增大，如图 1-6 所示。这些都不是小分子液体常有的现象，归根到底仍是非牛顿流体流动过程中存在法向应力差的宏观体现。另一种解释则是用流体的记忆特性来表述的，因为弹性具有记忆效应。当流体被迫挤出时即想恢复它原来的状态，从而出现胀大。毛细管越长，胀大比越小，因为它只有一个衰退的记忆特性，经过的时间越长，记忆越差。换句话说，经历的时间越长，黏性流动对能量的耗散越多。

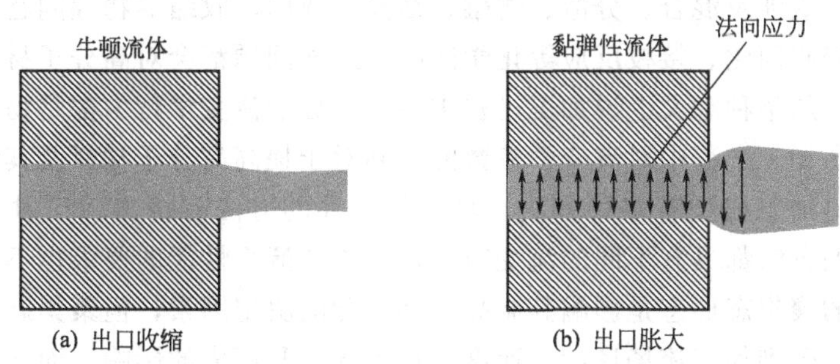

图 1-6　高分子熔体的挤出胀大现象

(5) 二次流动现象　由于第二法向应力差的存在，高分子流体在椭圆形截面的管子中流动时，除了轴向流动外，还有可能出现对称于椭圆两轴线的环流，如图 1-7 所示。这个环流被称为二次流动。第二法向应力差是出现二次流动的必要条件，第二法向应力差等于零时不会产生二次流动。锥板流变仪中锥与板间的缝隙比较小，会出现二次流动。对于高分子加工来说，二次流动有利于物料的分散与混合。

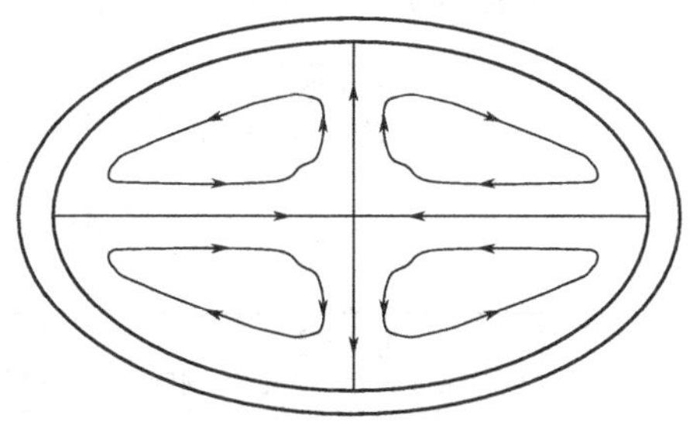

图 1-7　高分子流体的二次流动现象

(6) 减阻现象　在层流状态下，高分子溶液和溶剂两者的黏度与密度几乎差不多。然而在湍流流动时，在同样的流动速率下，有的溶液里的阻力比溶剂里的阻力要低得多。随着浓度趋于某个确定的浓度值，阻力降一直是增加的，超过该浓度范围之后，阻力降就不再增加了。当剪切应力已经达到某个临界值时，会产生阻力减少，而且阻力减少开始发生的水平并不依赖于溶液的浓度和圆管的半径。减阻现象也称 Toms 效应。1948 年，Toms 在首届国际流变学大会上作了关于高分子溶液的减阻报告，所以之后减阻现象就一直同 Toms 的名字联系在一起。

综上所述，高分子材料的流变性有以下特点。

① 多样性。由于高分子的分子结构有线性结构、交联结构、网状结构等，其分子链可呈刚性或柔性，因此，其流变行为多种多样。固体高聚物的变形在不同环境条件下可呈线性弹性、橡胶弹性及黏弹性。聚合物溶液和熔体的流动则可呈现线性黏性、非线性黏性、塑性、触变性等不同的流变行为。这些具体的流变行为将在以后章节中加以讨论。

② 高弹性。这是高分子特有的流变行为。轻度交联的聚合物在高于玻璃化温度时，可以发生很大的变形，在拉伸试验中，其伸长可达原来长度的几倍，而且这种变形是能完全回复的，这就是橡胶弹性。

③ 时间依赖性。高分子的变形或流动具有较强的时间依赖性。同一聚合物在短时间应力作用下呈现弹性变形，而在较长时间作用下则呈现黏性变形。这与聚合物长链分子的结构以及分子链之间互相缠结有关。

1.4　流变学在高分子材料加工中的应用

如前所述，高分子流变学是一门交叉学科，其研究内容与高分子化学、高分子物理学、高分子材料工程、连续介质力学、非线性传热学等密切相关。各种高分子材料在加工成型或使用成型过程中，既涉及混合、分散、熔融、结晶、取向、收缩等物理问题，也可能涉及热和力化学降解、交联固化、接枝反应等化学问题。这些问题都会对高分子材料的流动与变形产生影响。因此，从某种意义上说加工过程中各种高分子流变学行为都是物理与化学问题的具体体现。所以在加工过程中对流变学参数的控制对于提高高分子材料及其制品的质量非常重要。高分子材料加工成型有多种方法，具有代表性的方法有挤出、注射、吹塑、热成型等。每种加工成型方法都具有不同的流变特点，对原料流变性能的要求也不相同。

高分子材料的聚集态形态是影响其制品最终性能的决定因素，但聚集态形态不仅与分子本征结构相关，还受到加工流场形状、速度、加工温度和压力的影响，而加工流场形状与加工设备相关。因此很有必要讨论一下在加工过程中高分子流变学与结构、加工条件和加工设备三者之间的关系，也就是高分子流变学原理在高分子加工成型中的应用。图 1-8 形象地表示了高分子材料加工的影响因素及相互关系。

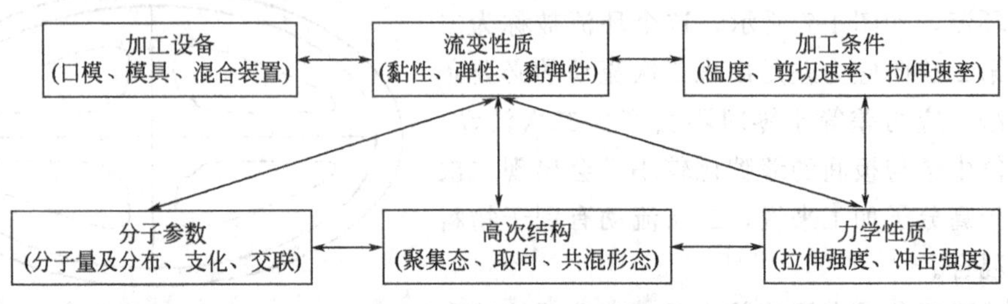

图 1-8　高分子材料加工的影响因素及相互关系

(1) 流变行为与结构的关系　前述部分已多次提及高分子的流变性质与其分子结构、分子量及其分布、支化和交联以及高次结构等有着密切的关系。

例如，长支链化和提高分子量可改善顺丁橡胶的抗冷流性能，避免生胶贮存与运输的麻烦。但分子量增加，体系黏度会迅速增大，流动性反而降低。通常在满足材料性能的前提下，可通过塑炼适当降低分子量，增加分子量分布来提高体系的流动性，从而更好地成型。

高分子的高次结构同样影响着体系的流变行为。加工中分子链沿流场的取向会降低流动黏度，但会产生法向的弹性，造成挤出胀大效应。分子链的取向提高了取向方向上的力学强度，但会造成各向异性，产生的取向应力会降低材料的使用寿命。因此对于薄膜，通常需要通过双轴拉伸来保持取向方向上的优异性能。某些具有反应性官能团的小分子与聚烯烃反应挤出时，聚烯烃由于接枝或交联会导致黏度变大，而未参与反应的小分子则由于增塑效应会导致黏度变小，最终体系黏度的变化则是两方面综合作用的结果。

(2) 流变行为与加工条件的关系　研究聚合物的流变性质，对正确选择加工工艺条件和配方设计有重要意义。例如，要让橡胶在塑炼过程中很好地包辊，对于生胶本身来说需要较宽的分子量分布，而合适的辊温也是必须的。在塑炼过程中，填充-补强剂、软化-增塑剂加入后会影响体系的流变行为，此时可以通过条件温度、辊间距等工艺条件来获得更好的塑炼效果。

加工条件对流变行为的影响归根到底还是由于高分子内部的结构的变形和流动具有外界条件的依赖性。例如，聚烯烃的分子链较为柔顺，因此加工时的黏度对剪切的敏感性要小于温度敏感性，而刚性结构的高分子如聚酯、聚醚等恰好相反。显然，对于这样的两类材料，采用挤出成型时为了获得良好的塑化效果，对温度、螺杆转速等不同工艺条件调节的侧重点是不一样的。比如，要得到具有相同流长比的尼龙与聚酯制品，由于树脂原料自身流变性能的差异，采用注射成型工艺条件完全不同；再比如同样采用高密度聚乙烯挤拉吹一次成型具有不同形状的中空容器，要采用不同的吹胀比。超高分子量的聚合物因为其弹性太大，不能采用通用的成型方法，要用烧结的方法成型。

（3）流变行为与加工设备的关系　一旦建立了高分子结构、流变性质和加工条件之间的关系，就可以合理地设计加工设备并正确地使用加工设备。例如，通过对高分子材料的挤出胀大与熔体破裂的研究，就可以合理地设计挤出口模，以便挤出表面光滑和尺寸稳定的制品；挤出成型时要提高塑化效果，在螺杆的均化段部分要合理地添加销钉。另一方面，流变学可以对挤出口模、挤出机的螺杆、注射成型的各种模具进行最佳设计。例如，在挤出成型中流入角、毛细管的长径比和贮料槽与毛细管的直径比等几何因素都可能对流体的流动情况和固化后的材料制品的力学和物理性能产生很大的影响。

此外，流变学还有助于对各种成型设备中复杂流场的高分子流动力学进行理论分析。无论是用理论近似还是半经验近似的方法，就某一特定的流场、特定的高分子材料提出一个合理的流变模型，对于流动问题的进一步理论分析都是十分重要的。在设计较好的加工设备和优化加工工艺条件方面，这样的理论研究同样有用。

第 2 章 流变学的基本概念

在一定的意义上说，流体所有的流变现象都是力学行为。其中核心的问题则是找出流体流动变形时应力与应变或应力与应变速率的关系。因此，首先要定义流体的应力、应变和应变速率。然而，流体的实际受力情况及产生的变形非常复杂，要确定应力-应变的关系十分困难。所以在描述流变学中基本物理量时，经常采用一些理想化的简单实验，来定义流体的应力、应变和应变速率。在简单实验中，我们可以认为流体是均匀的，各向同性的，而被施加的应力及发生的应变也是均匀和各向同性的，即应力、应变与坐标无关。

2.1 流体形变的基本类型

我们可以把流体形变类型分为最基本的三类：拉伸和单向膨胀（extension and uniaxial expansion），各向同性的压缩和膨胀（isotropic compression and expansion），以及简单剪切和简单剪切流（simple shear and simple shearing flow）。下面分析一下这几种简单流变行为的应变。

2.1.1 拉伸和单向膨胀

在拉伸实验中，流体元在拉伸方向的长度增加而在另外两个方向上的长度则缩短。例如，一个具有矩形断面的流体元，其边长分别为 l、m、n，如图 2-1 所示。拉伸后，流体元在拉伸方向上伸长，则长度 l 增加，而另外两个方向上则收缩，边长分别变为 l'、m'、n'，则 $l'=\lambda l$，$m'=\mu m$，$n'=\mu n$，其中，λ 称为伸长比。假设 V 为流体元变形后的体积，而 V_0 为初始体积，那么流体元体积变化为：

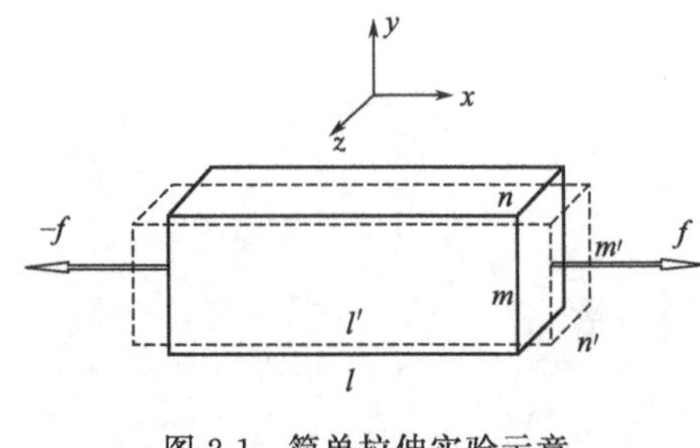

图 2-1 简单拉伸实验示意

$$V/V_0=\lambda\mu^2 \tag{2-1}$$

以 ε 表示长度的分数增量，δ 表示侧边长的分数减量，即：

$$\varepsilon=\frac{l'-l}{l},\ \delta=\frac{m-m'}{m}=\frac{n-n'}{n} \tag{2-2}$$

如果变形较小，则有：

$$\lambda=1+\varepsilon \qquad (\varepsilon\ll 1)$$

$$\mu=1-\delta \qquad (\delta\ll 1)$$

因此可把 ε 称为应变。通常用它来表示变形，当然这还是不充分的，因为流体元的体积也在变化。其体积的分数变化为：

$$\Delta V/V=[(1+\varepsilon)(1-\delta)^2-1] \tag{2-3}$$

由于 $\varepsilon\ll 1$，$\delta\ll 1$，故：

$$\Delta V/V\approx\varepsilon-2\delta \tag{2-4}$$

显然，拉伸时，$\lambda>1$，$\mu<1$，则 $\varepsilon>0$，$\delta>0$；而压缩时，$\lambda<1$，$\mu>1$，则 $\varepsilon<0$，$\delta<0$，

即长度缩短，截面增大。这种变形也是均匀的。即材料试样内任意一个体积元都经历完全相同的变形。

2.1.2　各向同性的压缩和膨胀

在各向同性膨胀中，任何形状的流体元都变为几何形状相似但尺寸变大的流体元。现在来讨论一个形状为立方柱体流体元，其边长为 a、b、c（图 2-2）。膨胀后，各边长变为 a'、b'、c'。每条边增加的倍数是相同的，即 $a'=\alpha a$，$b'=\alpha b$，$c'=\alpha c$。

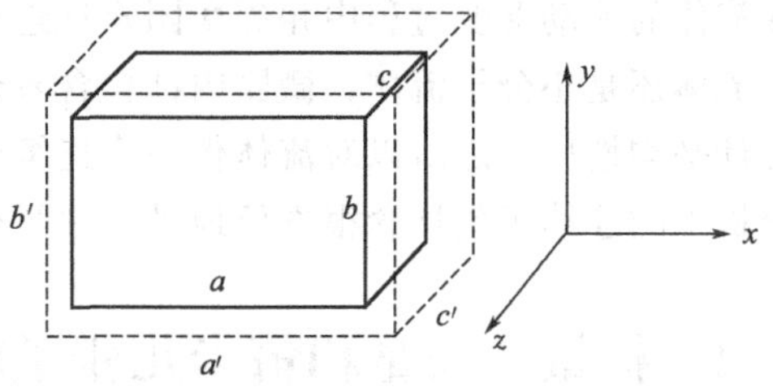

图 2-2　各向同性膨胀实验示意

$$\alpha=a'/a=b'/b=c'/c \tag{2-5}$$

$\alpha>1$，流体元膨胀；$\alpha<1$，流体元被压缩。α 称为压缩比，是描述变形的一个参数。α^3 则可表示体积的变化。不过在很多情况下，变形非常小，即 α 接近 1：

$$\varepsilon=\alpha-1=\frac{a'-a}{a}=\frac{b'-b}{b}=\frac{c'-c}{c} \qquad \varepsilon\ll 1 \tag{2-6}$$

式中，ε 是边长变化量与原始长度之比。$\varepsilon>0$；试样膨胀；$\varepsilon<0$，试样被压缩。

另一个表示变形的方法是用体积的变化量 $\Delta V/V$，V 是原始体积，ΔV 是体积的变化量：

$$\Delta V/V=\alpha^3-1=(1+\varepsilon)^3-1=3\varepsilon+3\varepsilon^2+\varepsilon^3 \tag{2-7}$$

由于 $\varepsilon\ll 1$，舍去高阶，故：

$$\Delta V/V\approx 3\varepsilon \tag{2-8}$$

此为体积的分数改变，$\Delta V/V$ 是边长的分数变化 ε 的三倍。由于各向同性膨胀是均匀的变形，因此物体内任何体积单元的变化都为 α^3。

2.1.3　简单剪切和简单剪切流

在简单剪切实验中，流体元的变形如图 2-3 所示。此时，顶面相对于底面发生位移 w，而高度 l 保持不变。原来与底面垂直的一边在变形后与其原来位置构成 θ 角。可以用 γ 来表示变形：

$$\gamma=w/l=\tan\theta \tag{2-9}$$

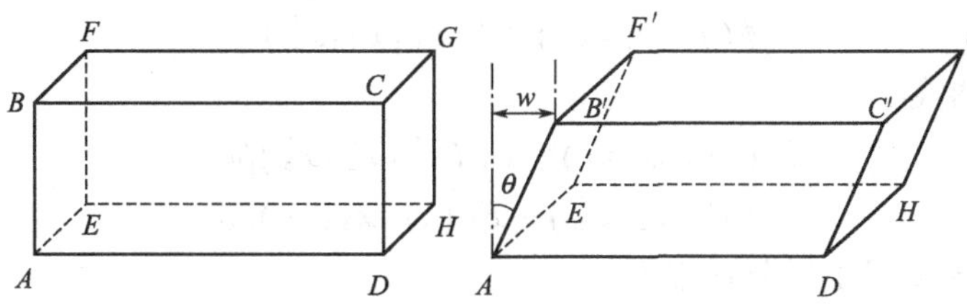

图 2-3　简单剪切形变示意

γ 称为剪切应变（shear strain）。这里的变形也是均匀的。如果应变很小，即 $\gamma\ll 1$，则可近似地认为 $\gamma\approx\theta$。对简单剪切流动来说，位移是时间的函数。其变形可用剪切速率（shear rate）$\dot{\gamma}$ 来表示，定义如下：

$$\dot{\gamma}=\frac{\mathrm{d}\gamma}{\mathrm{d}t} \tag{2-10}$$

关于剪切速率 $\dot{\gamma}$ 的物理意义将在后面讲述简单流动的章节中具体描述。一般来说，可以把流场中的流体包括高分子流体作为连续介质来处理。所谓连续介质，就是由具有确定质量的、连续地充满空间的众多微小质点所组成的，这些质点亦称流体微团。微团之间无孔洞，在流体的流动形变过程中相邻微团永远连接，既不能超越也不能落后。实际上，无论是高分子流体还是小分子流体，微团内都包含着众多的分子，所以，微团的宏观性质是众多分子的统计平均性质。之所以对流体作一个连续介质的假设，是因为有了这一假设，就可应用数学分析中的连续函数概念很方便地进行数学处理。

2.2 标量、矢量和笛卡儿张量的定义

用数学的方法处理流体流动与变形时，经常用的物理量是标量、矢量、张量等。其中，张量是最重要的一类物理量。在物理和数学中，张量有许多定义。为了便于初步了解张量的含义，我们先从物理学的角度简单地介绍并比较一下标量、矢量和张量的定义。

2.2.1 标量、矢量、张量的物理定义

（1）标量　在选定了测量单位以后，仅由数值大小所决定的物理量叫数量或标量，例如温度（T）、能量（E）、体积（V）、时间（t）等。显然，标量与事件发生、发展的方向无关。

（2）矢量　在选定了测量单位之后，由数值大小和空间的方向决定的（说明其性质的）物理量叫做向量或矢量，例如位置矢量（$\boldsymbol{p}$），速度（$\boldsymbol{u}$）、加速度（$\boldsymbol{a}$）、动量（$m\boldsymbol{u}$）、力（$\boldsymbol{F}$）等。

（3）张量　张量是矢量的推广，是比矢量更复杂的物理量。比如，一点处的应力随过该点的作用面的方位不同，应力的大小和方向均随之变化。所以可以这样说，在一点处不同方向上其有不同量值的物理量称为张量。流变学中，除应力张量（$\boldsymbol{\tau}$）外，常见的张量还有应变速率张量（$\boldsymbol{\Delta}$）、旋转张量（$\boldsymbol{w}$）、取向张量（$\boldsymbol{S}$）、构象张量（$\boldsymbol{c}$）、界面张量（$\boldsymbol{q}$）、面积张量（$\boldsymbol{A}$）等。

2.2.2 标量、矢量、张量的数学定义

用数学的语言描述这些物理量同样很简单。当一个坐标系变换成另一个坐标系时，满足以下转换关系的分量所组成的集合分别是标量、矢量和张量。

标量：
$$\phi(x_1,x_2,x_3)=\phi(x'_1,x'_2,x'_3) \tag{2-11}$$

式中 1 个分量相等。

矢量：
$$F_i(x_1,x_2,x_3)=F'_k(x'_1,x'_2,x'_3)\beta_{ki}$$
$$F'_i(x'_1,x'_2,x'_3)=F_k(x_1,x_2,x_3)\beta_{ik} \tag{2-12}$$

式中 3 个分量乘以转换因子后分别相等。

张量：
$$t_{ij}(x_1,x_2,x_3)=t'_{mn}(x'_1,x'_2,x'_3)\beta_{mi}\beta_{nj}$$
$$t'_{ij}(x'_1,x'_2,x'_3)=t_{mn}(x_1,x_2,x_3)\beta_{im}\beta_{jn} \tag{2-13}$$

式中 9 个分量乘以转换因子后分别相等。

这样就定义了二阶张量。按照以上方法，在笛卡儿坐标系中可定义三阶、四阶、五阶（$3^3=27$，$3^4=81$，$3^5=243$）张量。也就是说，二阶张量需要用 9 个分量来描述，三阶张量要用 27 个分量描述。在流变学中常用的是二阶张量，而三个分量来描述的速度（矢量）可称为一阶张量，标量则可看做是零阶张量。

显然，张量是由数个元素组成的集合体，可用矩阵表示。从上面定义可知，标量与坐标系无关，而矢量、张量与坐标系有关。通过指标表述变量的换算，可以进一步证明上面定义

的有效性。此外，要在复杂的流动与变形过程中弄清楚力与其产生的结果之间的关系，进行坐标系的变换是必要的，这就会涉及张量的运算。

2.2.3　张量的运算

显然，要在复杂的流动与变形过程中弄清楚力与其产生的结果之间的关系，有时进行坐标系的变换是必要的，而这势必涉及张量的运算。在学习张量运算之前，首先了解一下几个特殊的张量。

2.2.3.1　几个特殊张量

(1) 单位张量 $\boldsymbol{I}$ 或 δ_{ij}（克罗内克算子，Kronecker delta）　在直角坐标系中，取这样 9 个数：$\delta_{11}=\delta_{22}=\delta_{33}$，$\delta_{ij}=0(i\neq j)$，则可得张量：

$$\boldsymbol{I}=\delta_{ij}=\begin{pmatrix}1&0&0\\0&1&0\\0&0&1\end{pmatrix}\tag{2-14}$$

对角线的元素均为 1，其余为 0 的张量，称为单位张量。

(2) 对称张量　如果张量的分量满足 $\delta_{ij}=\delta_{ji}$，则称这样的张量为对称张量，记为：

$$\boldsymbol{\sigma}=\begin{pmatrix}\sigma_{11}&\sigma_{12}&\sigma_{13}\\\sigma_{21}&\sigma_{22}&\sigma_{23}\\\sigma_{31}&\sigma_{32}&\sigma_{33}\end{pmatrix}=\begin{pmatrix}\sigma_{11}&\sigma_{12}&\sigma_{13}\\\cdot&\sigma_{22}&\sigma_{23}\\\cdot&\cdot&\sigma_{33}\end{pmatrix}\tag{2-15}$$

(3) 并矢张量（并矢积，dyadic tensor）　将矢量 $\boldsymbol{A}(A_1,A_2,A_3)$ 和矢量 $\boldsymbol{B}(B_1,B_2,B_3)$ 按如下形式排成一个数组（似矩阵），记作：

$$\boldsymbol{\sigma}=\begin{pmatrix}A_1B_1&A_1B_2&A_1B_3\\A_2B_1&A_2B_2&A_2B_3\\A_3B_1&A_3B_2&A_3B_3\end{pmatrix}\tag{2-16}$$

σ 则称为并矢张量。并矢张量或两矢量的并矢积是二阶张量的特殊形式，其中数组内的各元素是矢量的分量之积。注意：两个矢量之间没有任何乘号，一般情况下，$\boldsymbol{AB}\neq\boldsymbol{BA}$。

2.2.3.2　张量的代数运算

(1) 张量相等　在同一坐标系中，如两张量的各个分量全部对应相等，即 $P_{ij}=Q_{ij}$，则两张量相等，记作：

$$\boldsymbol{P}=\boldsymbol{Q}\tag{2-17}$$

(2) 张量的加减　按矩阵方法，两张量对应分量相加减，即 $T_{ij}=P_{ij}\pm Q_{ij}$，则称为张量的加减，记作：

$$\boldsymbol{T}=\boldsymbol{P}\pm\boldsymbol{Q}\tag{2-18}$$

(3) 张量与标量的乘（除）　张量 $\boldsymbol{P}$ 与标量 λ 相乘（或相除），即把 P_{ij} 各个分量分别乘以（或除以）λ，结果 $T_{ij}=\lambda P_{ij}$，$\boldsymbol{T}$ 也是张量：

$$\boldsymbol{T}=\lambda\boldsymbol{P}=\lambda\begin{pmatrix}P_{11}&P_{12}&P_{13}\\P_{21}&P_{22}&P_{23}\\P_{31}&P_{32}&P_{33}\end{pmatrix}=\begin{pmatrix}\lambda P_{11}&\lambda P_{12}&\lambda P_{13}\\\lambda P_{21}&\lambda P_{22}&\lambda P_{23}\\\lambda P_{31}&\lambda P_{32}&\lambda P_{33}\end{pmatrix}\tag{2-19}$$

(4) 向量和张量的乘积　向量与张量点乘，不论是左乘或右乘，其积均为一个矢量。注意：根据矩阵的乘法规则，前一矩阵的列数必须等于后一矩阵的行数才能相乘。

(5) 张量与张量的张量乘积（单点积）　张量 $\boldsymbol{P}$ 与张量 $\boldsymbol{Q}$ 单点积得一张量：

$$\boldsymbol{T}=\boldsymbol{P}\cdot\boldsymbol{Q} \tag{2-20}$$

现将常用到的张量运算归结如下：

① 转置 $\tau_{ij}^{\mathrm{T}}=\tau_{ji}$

对称 $\tau_{ij}=\tau_{ji}$

反对称 $\tau_{ij}=-\tau_{ji}$

逆 $\tau_{ik}\tau_{kj}^{-1}=\delta_{ij}$

迹 $\mathrm{tr}\boldsymbol{\tau}=\tau_{ii}=\tau_{11}+\tau_{22}+\tau_{33}$

② 加减法 $\boldsymbol{u}\pm\boldsymbol{v}=u_i\pm v_i$

$\boldsymbol{\tau}+\boldsymbol{\sigma}=\tau_{ij}+\sigma_{ij}$

③ 乘法

标量-矢量相乘　$a\boldsymbol{u}=au_i$

标量-张量相乘　$a\boldsymbol{\tau}=a\tau_{ij}$

矢量点积　$\boldsymbol{u}\cdot\boldsymbol{v}=u_iv_i$

矢量叉积　$\boldsymbol{u}\times\boldsymbol{v}=e_{ijk}u_jv_k$

并矢　$\boldsymbol{uv}=u_iv_j$

张量的单点积　$\boldsymbol{\tau}\cdot\boldsymbol{\sigma}=\tau_{ik}\sigma_{kj}$

张量的双点积　$\boldsymbol{\tau}:\sigma=\tau_{ij}\sigma_{ji}$

张量-矢量点积　$\boldsymbol{\tau}\cdot\boldsymbol{v}=\tau_{ij}v_j$

矢量-张量点积　$\boldsymbol{v}\cdot\boldsymbol{\tau}=v_i\tau_{ij}$

张量-矢量叉积　$\boldsymbol{\tau}\times\boldsymbol{v}=e_{jkl}\tau_{ij}v_k$

矢量-张量叉积　$\boldsymbol{v}\times\boldsymbol{\tau}=e_{ijl}v_i\tau_{jk}$

④ 张量的缩并　$\underset{\text{四阶张量}}{T_{ijkl}}\xrightarrow{\text{缩并}}\underset{\text{二阶张量}}{T_{ijjl}}\xrightarrow{\text{缩并}}\underset{\text{标量}}{T_{ijji}}$

2.2.4 张量的重要特性

① 如果在一个坐标系中，笛卡儿张量的所有分量都等于零，那么它们在所有其他笛卡儿坐标系中也等于零。

② 两个同阶笛卡儿张量的和或差仍是同阶张量，于是同阶张量的任何线性组合仍是同阶张量。

③ 张量方程的意义。如果某个张量方程在一个坐标系中能够成立，那么对于用允许变换所能得到的所有坐标系，它也一定成立。于是，张量分析的重要性可以综述如下，只有在方程中的每一项都有相同张量特征时，这个方程的形式对任意参考标架才普遍有效，这就是张量的客观性原理。材料对给定的运动的历史响应与观察响应人的任何运动无关。也就是说，测量人本身在运动或与被测的物体有相对运动，测出的材料性质是不变的。客观性原理是指不依赖坐标系的运动，而坐标系的不变性指的是不依赖坐标系的变换。

2.3 应力张量和应变张量

应力张量和应变张量是流变学中最重要的物理量之一。在学习应力张量和应变张量的概念之前，首先有必要清楚什么是应力。根据连续介质力学的观点，不管是什么原因引起的，物体所受的力都可以分成以下三种类型。

(1) 外力　例如，地球重力场、电场和与磁场的作用力等，都是作用在物体上的非接触力。因此这类外力也被称作长程力。

(2) 表面力　指施加在物体外表面的接触力。接触力是物体内的一部分通过假想的分隔面作用在相邻部分上的力，也即外力向物体内传递。因为施加在物体的外表面上，故表面力常作为边界条件处理。

(3) 内部应力　可以想象将一物体分割成为许多微观尺度足够小的单元，单元表面存在着相互作用力。此单元被称作微元体，也叫做体积元。这种作用力被称作应力。换句话说，应力就是由毗邻的流体质点直接施加给所研究的微元体表面的接触力，因此应力又被称作近程力。

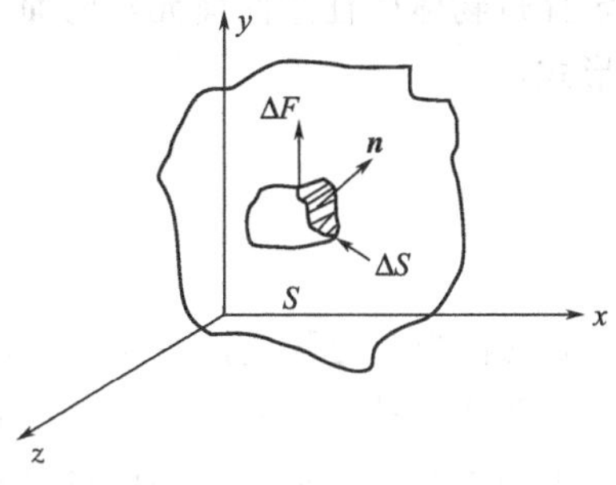

图 2-4　微元体闭合曲面上的受力分析

假定现在来考察占据空间区域 V 的连续体系 B。想象在 B 的内部都有一个闭合曲面 S，如图 2-4 所示。S 外边的物质与 S 内部的物质之间的相互作用可分为两类：一类是由于场力的作用引起的，它可以表示为单位质量的力，称为体力；另一类是由于经过边界面 S 的作用所引起的力，称为面力。在曲面 S 上取微面元素 ΔS，自 ΔS 上一点，作一个垂直于 ΔS 的单位法矢量 $\boldsymbol{n}$，其方向由曲面 S 的内部指向外部。单位法矢量 $\boldsymbol{n}$ 的方向为正面，正面部分物质对于负面部分的物质作用力为 ΔF。力 ΔF 与 ΔS 位置、大小以及法矢量 $\boldsymbol{n}$ 方向有关。我们假定，当$\Delta S\rightarrow 0$时，比值 $\Delta F/\Delta S$ 趋于一个确定的极限 $\mathrm{d}F/\mathrm{d}S$，并且根据柯西应力原理可以认为，作用在曲面上的力绕面积内任一点的力矩在极限状态下等于零。极限向量可写为：

$$\boldsymbol{T}=\frac{\mathrm{d}F}{\mathrm{d}S} \tag{2-21}$$

极限向量 $\boldsymbol{T}$ 称为面力，或称为应力向量，即代表作用在面上的单位面积的力。

2.3.1　应力张量

形变和流动都是由于应力的作用引起的。现在，我们来说明如何表示一点的应力状态。在笛卡儿坐标系中，假如某点的作用力为 F，我们总可以将 F 分解在该点附近的三个互相垂直的微分面上，微分面的方向与选择的坐标方向相同。如果三个面上的力分别为 F_1、F_2、F_3，除以微体积元对应的表面积后，得到应力 T_1、T_2、T_3。毫无疑问，它们都是矢量。把每一个应力都沿坐标方向 (x,y,z) 进行分解，每一个应力都可以得到三个分量。分量形式可写为：

$$\begin{aligned} T_1&=(T_{xx},T_{xy},T_{xz})\\ T_2&=(T_{yx},T_{yy},T_{yz})\\ T_3&=(T_{zx},T_{zy},T_{zz}) \end{aligned} \tag{2-22}$$

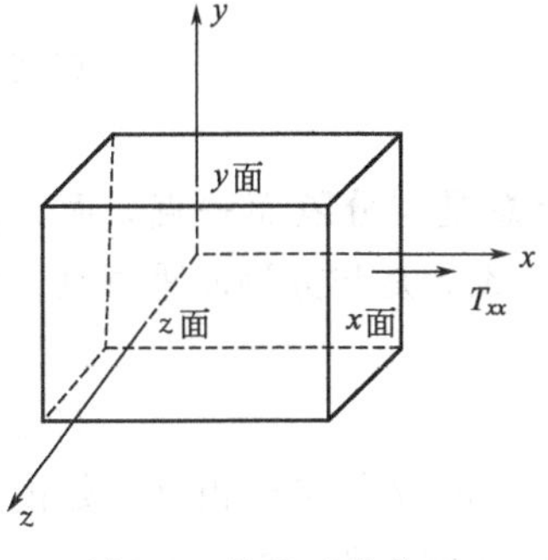

图 2-5　体积元微分面上力的表示方法

这样，仅采用分量表示法就可完全地描述一个应力的性质，即应力的方向、大小和作用面。应力的分量用两个下标表示。第一个下标表示该应力的作用面，第二个下标则表示该应力的方向。在直角坐标中，试样受力作用面分为 x 面、y 面和 z 面。x 面为与 x 轴垂直的面，或者说 x 面上所有的点的 x 坐标相同，y 面与 z 面也一样，如图 2-5 所示。

这样 T_{xx} 就表示作用在 x 面上的 x 方向的应力。很明显，作用力的方向与作用面垂直，被称为应力的法向分量（normal component），即两个下标相同的分量为法向分量。由这种应力产生的应变则伸长或压缩。T_{yx} 表示作用力的方向与作用面平行，即 x 方向的应力作用在 y 面上，这种分量被称为应力的切向分量（shear component）。两个下标不同的应力分量称为应力的切向分量。因此，在笛卡儿坐标系中，要完整描述材料的受力情况，只需了解在三个面上的应力分量，或三个方向上的应力矢量就行了。理论上可以证明，9 个应力分量是确定穿过物体内任意曲面元素的面力的必要与充分条件。那么，应力分量可以写成以下的矩阵形式：

$$\boldsymbol{T}=\begin{bmatrix} T_{xx} & T_{xy} & T_{xz} \\ T_{yx} & T_{yy} & T_{yz} \\ T_{zx} & T_{zy} & T_{zz} \end{bmatrix} \tag{2-23}$$

$\boldsymbol{T}$ 则称为应力张量，而 T_{ij} 一般称为应力张量分量。如果考虑到处于力平衡态时，则总的力矩为零。故 $T_{xy}=T_{yx}$，$T_{xz}=T_{zx}$，$T_{yz}=T_{zy}$。因此，只要 6 个应力分量就能决定一个微元的应力状态，而且应力张量是对称的。但是，应力张量对称性实际上是一种假设。原则上，具有不对称结构的材料都可以呈现非对称的应力张量，虽然如此，一般还是假定 $\boldsymbol{T}$ 是对称的。

我们可将应力张量 $\boldsymbol{T}$ 分解为两部分，一是和流体的形变有关的动力学应力 τ，也称为偏应力张量；另一部分是张量的各向同性部分。那么应力张量 $\boldsymbol{T}$ 可以写为：

$$\boldsymbol{T}=-P\delta+\tau \tag{2-24}$$

$$T_{ij}=-P\delta_{ij}+\tau_{ij} \tag{2-25}$$

δ 称为单位张量，可定义为以下形式：

$$\delta=\begin{bmatrix} 1 & 0 & 0 \\ 0 & 1 & 0 \\ 0 & 0 & 1 \end{bmatrix} \tag{2-26}$$

当 $i=j$ 时，应力分量就是法向应力，其他分量叫做剪切应力。对于剪切应力（$i\neq j$），根据定义得到 $T_{ij}=\tau_{ij}$，法向应力 T_{ij}（$i=j$）包括了一项 $-P$，它对于三个坐标轴方向都是一样的。各向同性应力 $-P$ 一般叫做流体静压力。

下面来看一看在简单流变实验中的应力张量。

（1）拉伸实验　拉伸实验中，在一个矩形断面的试样的断面上施加一个与端面垂直的力 f，如图 2-1 所示，采用笛卡儿坐标系，很明显，该应力为 T_{xx}。故其应力张量为：

$$\boldsymbol{T}=\begin{bmatrix} T_{xx} & 0 & 0 \\ 0 & 0 & 0 \\ 0 & 0 & 0 \end{bmatrix} \tag{2-27}$$

（2）各向同性的压缩　如果应力矢量 $\boldsymbol{T}$ 无论在什么方向上总是与分隔面垂直，而且在某给定点上的大小与分隔面的方向无关，则说它是各向同性的。设 $\boldsymbol{n}$ 是与分隔面垂直且方向向外的一个单位矢量，这种各向同性的应力可表达为：

$$T_n=-\boldsymbol{n}P \tag{2-28}$$

式中，P 为压力，它是正的，所以在式前加上负号，表示 T_n 的方向与 $\boldsymbol{n}$ 相反，是内向的。流体静止时（完全流体无论何时）内部的接触力就属于这种性质，所以各向同性的应力有时也称作流体静压力（hydrostatic stress）。面体被流体包围并处于平衡时其内部的应力也是各向同性的。可以证明物体在各向同性压力下能处于平衡状态。在 x 轴上所受的力处于平衡状态，在 y 轴和 z 轴方向亦如此。因此，在各向同性压缩实验中，应力在任何方向都与作用面垂直而且大小相同，即在笛卡儿坐标中：

$$T_{xx}=T_{yy}=T_{zz}=P \tag{2-29}$$

由于其他剪切应力分量均为零。因此，应力张量为：

$$\boldsymbol{T}=\begin{bmatrix} T_{xx} & 0 & 0 \\ 0 & T_{yy} & 0 \\ 0 & 0 & T_{zz} \end{bmatrix} \tag{2-30}$$

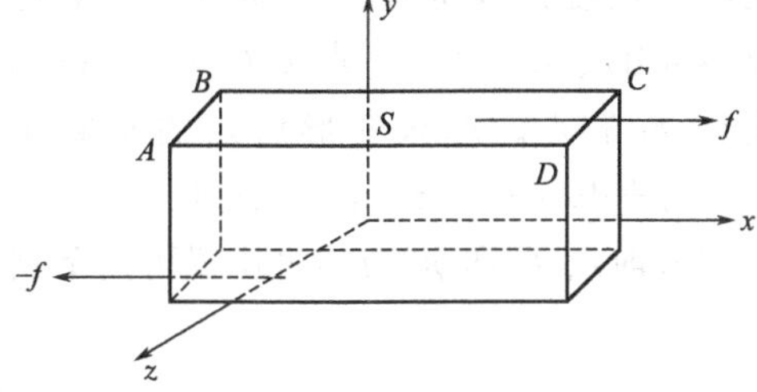

图 2-6　简单剪切受力分析

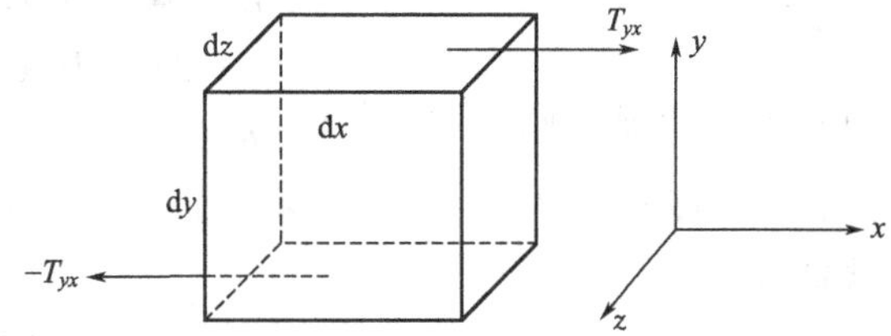

图 2-7　作用在体积微元上的剪切应力的平衡

（3）简单剪切　简单剪切实验中，应力与作用面平行。如在图 2-6 中，力 f 是作用在 y 面上，方向为 x 方向。因此，该应力分量为：

$$T_{yx}=f/S \tag{2-31}$$

式中，S 为面 $ABCD$ 的面积。下面考察一下该物体是否处于平衡态。设有物体内一个无限小的体积单元，边长分别为 dx、dy、dz（图 2-7）。作用在顶面（y 面）上的力为 $T_{yx}\,\mathrm{d}x\mathrm{d}z$，作用在底面上的力则为 $-T_{yx}\,\mathrm{d}x\mathrm{d}z$，所以在 x 方向上力是平衡的。但这两个力产生一个顺时针方向的力矩 $T_{yx}\,\mathrm{d}x\mathrm{d}y\mathrm{d}z$，如果不加以平衡，该体积单元就会向顺时针方向旋转。所以，必须施加一个反时针方向的力矩，即在 x 面上施加一个垂直的应力 $T_x(0,T_{xy},0)$，如图 2-8 所示。

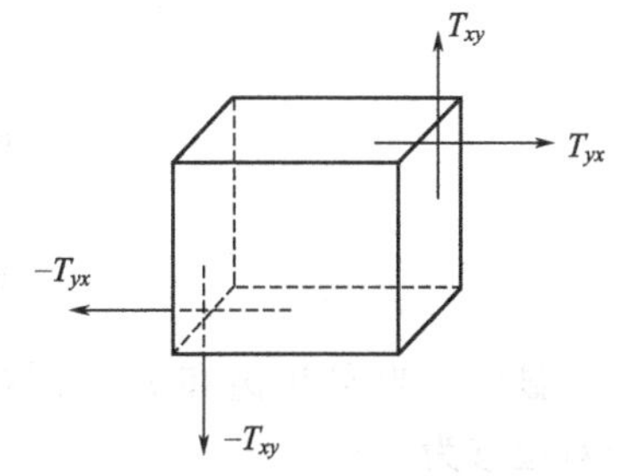

图 2-8　作用在体积微元上力矩的平衡

这时在下面的 x 面上有一个向上（y 轴方向）的力 $T_{xy}\,\mathrm{d}y\mathrm{d}z$ 作用，左面则有一个向下的力 $-T_{xy}\,\mathrm{d}y\mathrm{d}z$ 作用。虽然在 y 轴方向上它们相互平衡，但它们仍然产生一个逆时针方向的力矩 $T_{xy}\,\mathrm{d}x\mathrm{d}y\mathrm{d}z$。因此顺时针方向的总力矩 d$L$ 为：

$$\mathrm{d}L=T_{yx}\,\mathrm{d}x\mathrm{d}y\mathrm{d}z-T_{xy}\,\mathrm{d}x\mathrm{d}y\mathrm{d}z \tag{2-32}$$

要使该体积单元平衡，总力矩 dL 必须为 0，即：

$$T_{yx}=T_{xy} \tag{2-33}$$

换句话说，在 y 面上施加一个剪切应力 T_{yx} 时，必定随之施加一个作用于 x 面上的大小相同的剪切应力 T_{xy}，才能使试样保持平衡。因此，在简单剪切实验中，应力张量为：

$$\boldsymbol{T}=\begin{bmatrix} 0 & T_{xy} & 0 \\ T_{yx} & 0 & 0 \\ 0 & 0 & 0 \end{bmatrix} \tag{2-34}$$

2.3.2 应变张量

与应力张量相比，应变张量往往显得更为重要一些。因为当给物体施加一个力后，物体最直观的表现就是变形。因此如何表示流体的变形，这是流变学首先遇到的问题。在理论上通常采用质点的位移，即用位移矢量 $\boldsymbol{u}$(displacement vector) 来描述变形，其物理意义为物体内某质点的位置的变化。设有点 p_1，变形前的笛卡儿坐标位置为 (x,y,z)，变形后其坐标变为 $p'_1(x+u_x,y+u_y,z+u_z)$，如图 2-9 所示。暂时不考虑整个物体的平动或转动，假设物体的变形仅为物体内质点的相对位移所贡献。引入无限小量 dx、dy 和 dz，点 $p_2(x+dx,y+dy,z+dz)$ 为无限接近 p_1 的点。那么变形后点的坐标变为 $p'_2(x+dx+u_x+du_x,y+dy+u_y+du_y,z+dz+u_z+du_z)$，显然其位移分量为 $(u_x+du_x,u_y+du_y,u_z+du_z)$。变形前点 p_1 和 p_2 的相对位置可用下列矢量表示：

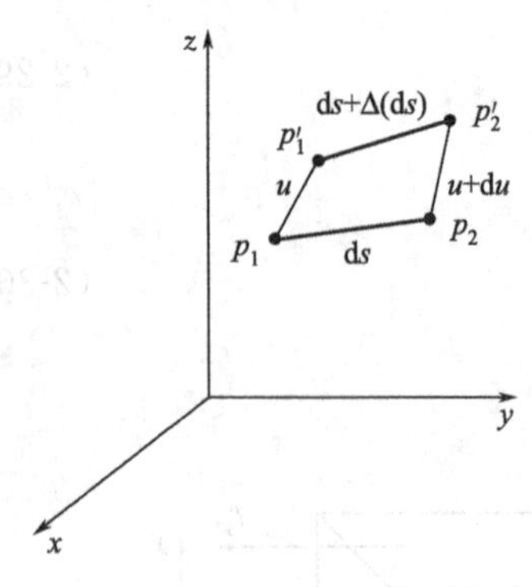

图 2-9 变形前后质点的相对位移

$$p_1p_2=(dx,dy,dz) \tag{2-35}$$

变形后 p_1 和 p_2 的相对位置则用下列矢量表示：

$$p'_1p'_2=(dx+du_x,dy+du_y,dz+du_z) \tag{2-36}$$

变形前后 p_1 和 p_2 的相对位置发生了变化，其变化量 du_x、du_y、du_z 分别为相对位移在三个坐标轴上的分量：

$$du_x=\frac{\partial u_x}{\partial x}dx+\frac{\partial u_x}{\partial y}dy+\frac{\partial u_x}{\partial z}dz$$

$$du_y=\frac{\partial u_y}{\partial x}dx+\frac{\partial u_y}{\partial y}dy+\frac{\partial u_y}{\partial z}dz$$

$$du_z=\frac{\partial u_z}{\partial x}dx+\frac{\partial u_z}{\partial y}dy+\frac{\partial u_z}{\partial z}dz \tag{2-37}$$

显然，当质点 p_1 和 p_2 无限接近，它们之间的距离为 $ds=(dx,dy,dz)$，而变形后产生的相对位移为：

$$du=(du_x,du_y,du_z) \tag{2-38}$$

把上述三个微分方程的 9 个系数移出，重新排列可以得到 9 个元素的二阶张量，称为无穷小位移梯度张量：

$$\frac{d\boldsymbol{u}}{d\boldsymbol{s}}=\begin{bmatrix}\frac{\partial u_x}{\partial x} & \frac{\partial u_x}{\partial y} & \frac{\partial u_x}{\partial z}\\ \frac{\partial u_y}{\partial x} & \frac{\partial u_y}{\partial y} & \frac{\partial u_y}{\partial z}\\ \frac{\partial u_z}{\partial x} & \frac{\partial u_z}{\partial y} & \frac{\partial u_z}{\partial z}\end{bmatrix} \tag{2-39}$$

无穷小位移梯度张量的物理和几何意义十分明确：$\frac{\partial u_x}{\partial x}$、$\frac{\partial u_y}{\partial y}$ 和 $\frac{\partial u_z}{\partial z}$ 分别表示 x、y 和 z 轴方向上的单位伸长，也就是位移分别对 x、y、z 坐标的变化率。其他 6 个元素则表示在不同坐标方向上的剪切变形，也就是位移相对于坐标的变化率。

图 2-10 中（a）和（b）表示的变形称为简单剪切；（c）表示的是两个简单剪切的叠加，称为纯剪切变形。

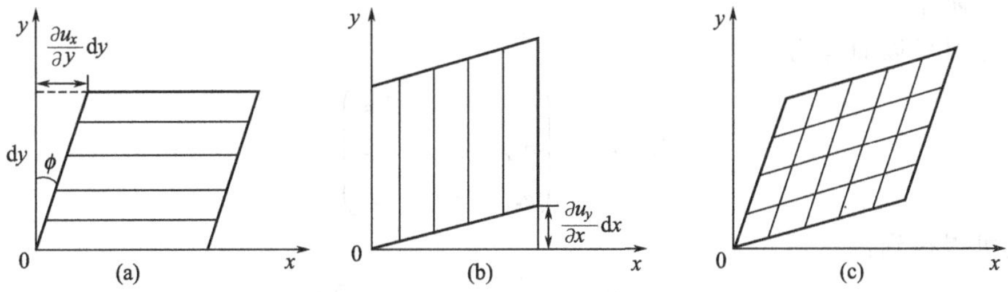

图 2-10 （a）平行于 xz 平面的简单剪切；（b）平行于 yz 平面的简单剪切；（c）两个简单剪切叠加成一个纯剪切

显然：

$$\tan\phi=\frac{\partial u_x}{\partial y} \tag{2-40}$$

而在形变非常小的情况下，可认为：

$$\phi=\frac{\partial u_x}{\partial y} \tag{2-41}$$

显然，两个简单剪切除了可叠加成纯剪切外，还可以叠加成转过某一角度的转动，如图图 2-11 所示。

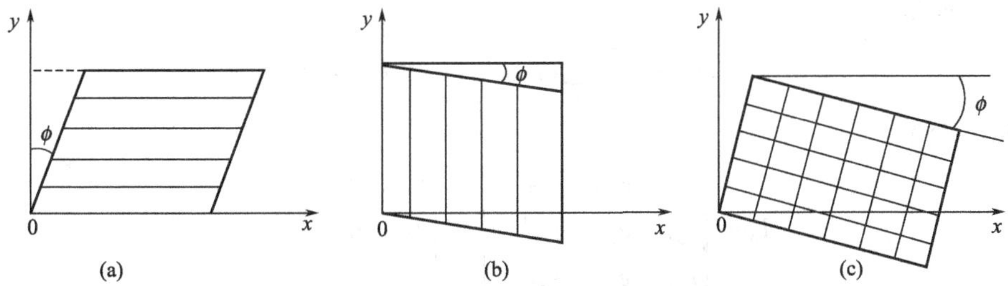

图 2-11 两个简单剪切（a）和（b）叠加成一个转过角度 ϕ 的转动（c）

而事实上，根据矩阵运算法则，无穷小位移梯度张量可分解成两部分：

$$\frac{\mathrm{d}\boldsymbol{u}}{\mathrm{d}\boldsymbol{s}}=\begin{bmatrix} \frac{\partial u_x}{\partial x} & \frac{1}{2}\left(\frac{\partial u_x}{\partial y}+\frac{\partial u_y}{\partial x}\right) & \frac{1}{2}\left(\frac{\partial u_x}{\partial z}+\frac{\partial u_z}{\partial x}\right) \\ \frac{1}{2}\left(\frac{\partial u_y}{\partial x}+\frac{\partial u_x}{\partial y}\right) & \frac{\partial u_y}{\partial y} & \frac{1}{2}\left(\frac{\partial u_y}{\partial z}+\frac{\partial u_z}{\partial y}\right) \\ \frac{1}{2}\left(\frac{\partial u_z}{\partial x}+\frac{\partial u_x}{\partial z}\right) & \frac{1}{2}\left(\frac{\partial u_z}{\partial y}+\frac{\partial u_y}{\partial z}\right) & \frac{\partial u_z}{\partial z} \end{bmatrix}+$$

$$\begin{bmatrix} 0 & \frac{1}{2}\left(\frac{\partial u_x}{\partial y}-\frac{\partial u_y}{\partial x}\right) & \frac{1}{2}\left(\frac{\partial u_x}{\partial z}-\frac{\partial u_z}{\partial x}\right) \\ \frac{1}{2}\left(\frac{\partial u_y}{\partial x}-\frac{\partial u_x}{\partial y}\right) & 0 & \frac{1}{2}\left(\frac{\partial u_y}{\partial z}-\frac{\partial u_z}{\partial y}\right) \\ \frac{1}{2}\left(\frac{\partial u_z}{\partial x}-\frac{\partial u_x}{\partial z}\right) & \frac{1}{2}\left(\frac{\partial u_y}{\partial z}-\frac{\partial u_z}{\partial y}\right) & 0 \end{bmatrix}=E+W \tag{2-42}$$

式中，E 称为应变张量，W 则称为反对称二阶张量，表示了位移梯度张量的旋转部分。由式(2-42) 可以明显看出，应变张量是一个对称二阶张量，位移梯度张量的旋转部分是一个反对称二阶张量。

应变张量可以简写为：

$$E=e_{ij}=\begin{pmatrix} e_{xx} & e_{xy} & e_{xz} \\ e_{yx} & e_{yy} & e_{yz} \\ e_{zx} & e_{zy} & e_{zz} \end{pmatrix} \tag{2-43}$$

由此可以得到：

$$e_{xx}=\frac{\partial u_x}{\partial x},\ e_{yy}=\frac{\partial u_y}{\partial y},\ e_{zz}=\frac{\partial u_z}{\partial z} \tag{2-44}$$

$$e_{xy}=e_{yx}=\frac{1}{2}\left(\frac{\partial u_x}{\partial y}+\frac{\partial u_y}{\partial x}\right)$$

$$e_{xz}=e_{zx}=\frac{1}{2}\left(\frac{\partial u_x}{\partial z}+\frac{\partial u_z}{\partial x}\right)$$

$$e_{yz}=e_{zy}=\frac{1}{2}\left(\frac{\partial u_y}{\partial z}+\frac{\partial u_z}{\partial y}\right) \tag{2-45}$$

凡是和坐标系无关的函数称为不变量。由张量代数可以知道无穷小应变张量存在三个不变量。

第一不变量：

$$I_1=e_{xx}+e_{yy}+e_{zz} \tag{2-46}$$

第二不变量：

$$I_2=\sum_i\sum_j e_{ij}e_{ji}(i,j=x,y,z) \tag{2-47}$$

第三不变量：

$$I_3=\begin{vmatrix} e_{xx} & e_{xy} & e_{xz} \\ e_{yx} & e_{yy} & e_{yz} \\ e_{zx} & e_{zy} & e_{zz} \end{vmatrix}=\begin{vmatrix} e_x & 0 & 0 \\ 0 & e_y & 0 \\ 0 & 0 & e_z \end{vmatrix} \tag{2-48}$$

式中，e_x、e_y、e_z 称为主应变，是经坐标轴变换而来的。

从工程的角度看，对任意的应变，可以用 e_{xx}、e_{yy}、e_{zz}、e_{xy}、e_{yz}、e_{zx} 六个应变分量来描述。这样的定义又叫工程应变。其张量表示为：

$$\varepsilon=\begin{bmatrix} e_{xx} & \frac{1}{2}e_{xy} & \frac{1}{2}e_{xz} \\ \frac{1}{2}e_{yx} & e_{yy} & \frac{1}{2}e_{yz} \\ \frac{1}{2}e_{zx} & \frac{1}{2}e_{zy} & e_{zz} \end{bmatrix} \tag{2-49}$$

下面我们简单讨论一下这些张量表示形式如何应用于简单流变实验。

(1) 各向同性的压缩　对各向同性压缩的情况，设笛卡儿坐标的原点在试样的角上，试样的各边与坐标轴一致。设物体内有任意一点，坐标为 (x,y,z)，压缩后坐标变为 (x',y',z')，则：

$$x'=(1+\varepsilon)x$$

$$y'=(1+\varepsilon)y$$

$$z'=(1+\varepsilon)z$$

那么：

$$\begin{cases}e_{xx}=e_{yy}=e_{zz}=\varepsilon\\e_{xy}=e_{yz}=e_{zx}=0\end{cases}\tag{2-50}$$

(2) 拉伸实验　对于简单拉伸实验，设笛卡儿坐标的原点在物体的中心，物体的各边与坐标轴平行，x 轴为拉伸方向。物体内一个质点在拉伸前的坐标为 (x,y,z)，拉伸后的坐标为 (x',y',z')，则：

$$x'=(1+\varepsilon)x$$
$$y'=(1-\delta)y$$
$$z'=(1-\delta)z$$

那么：

$$\begin{cases}e_{xx}=\varepsilon\\e_{yy}=e_{zz}=-\delta\\e_{xy}=e_{yz}=e_{zx}=0\end{cases}\tag{2-51}$$

(3) 简单剪切　同样的推导，对于简单剪切实验：

$$x'=x+\gamma y$$
$$y'=y$$
$$z'=z$$

因此，$e_{xy}=e_{yz}=\gamma$，其余分量则为零。

2.3.3 应变速率张量

应变张量对于描述物质在力的作用下产生的形变非常重要，但对于流体来说，受力后不仅会产生形变，还会流动。而描述流动则会涉及应变速率张量。与上述定义应变张量 e_{ij} 的方法相似，用质点速度矢量 $\boldsymbol{v}=\mathrm{d}u/\mathrm{d}t=\dot{u}$ 代替位移矢量 $\boldsymbol{u}$，即可得到应变速率张量。

$$\boldsymbol{v}=\begin{bmatrix}\dfrac{\partial v_x}{\partial x} & \dfrac{1}{2}\left(\dfrac{\partial v_x}{\partial y}+\dfrac{\partial v_y}{\partial x}\right) & \dfrac{1}{2}\left(\dfrac{\partial v_x}{\partial z}+\dfrac{\partial v_z}{\partial x}\right)\\ \dfrac{1}{2}\left(\dfrac{\partial v_y}{\partial x}+\dfrac{\partial v_x}{\partial y}\right) & \dfrac{\partial v_y}{\partial y} & \dfrac{1}{2}\left(\dfrac{\partial v_y}{\partial z}+\dfrac{\partial v_z}{\partial y}\right)\\ \dfrac{1}{2}\left(\dfrac{\partial v_z}{\partial x}+\dfrac{\partial v_x}{\partial z}\right) & \dfrac{1}{2}\left(\dfrac{\partial v_y}{\partial z}+\dfrac{\partial v_z}{\partial y}\right) & \dfrac{\partial v_z}{\partial z}\end{bmatrix}\tag{2-52}$$

为了表述方便，将上式每个元素乘以 2，则应变速率张量 $\dot{e}_{ij}$ 可简写为：

$$\dot{e}_{ij}=\begin{pmatrix}\dot{e}_{xx} & \dot{e}_{xy} & \dot{e}_{xz}\\ \cdot & \dot{e}_{yy} & \dot{e}_{yz}\\ \cdot & \cdot & \dot{e}_{zz}\end{pmatrix}\tag{2-53}$$

其中：

$$\begin{cases}\dot{e}_{xx}=2\dfrac{\partial v_x}{\partial x}\\ \dot{e}_{yy}=2\dfrac{\partial v_y}{\partial y}\\ \dot{e}_{zz}=2\dfrac{\partial v_z}{\partial z}\end{cases}\qquad\begin{cases}\dot{e}_{xy}=\dot{e}_{yx}=\left(\dfrac{\partial v_x}{\partial y}+\dfrac{\partial v_y}{\partial x}\right)\\ \dot{e}_{xz}=\dot{e}_{zx}=\left(\dfrac{\partial v_x}{\partial z}+\dfrac{\partial v_z}{\partial x}\right)\\ \dot{e}_{yz}=\dot{e}_{zy}=\left(\dfrac{\partial v_y}{\partial z}+\dfrac{\partial v_z}{\partial y}\right)\end{cases}$$

显然，应变速率张量$\dot{e}_{ij}$是一个对称二阶张量，同样的数学道理它也存在三个不变量。

第一不变量：

$$\dot{I}_1 = \dot{e}_{xx} + \dot{e}_{yy} + \dot{e}_{zz} \tag{2-54}$$

第二不变量：

$$\dot{I}_2 = \sum_i \sum_j \dot{e}_{ij} \dot{e}_{ji} \ (i,j = x,y,z) \tag{2-55}$$

第三不变量：

$$I_3 = \begin{vmatrix} \dot{e}_{xx} & \dot{e}_{xy} & \dot{e}_{xz} \\ \dot{e}_{yx} & \dot{e}_{yy} & \dot{e}_{yz} \\ \dot{e}_{zx} & \dot{e}_{zy} & \dot{e}_{zz} \end{vmatrix} \tag{2-56}$$

这样，就定义了无穷小应变张量e_{ij}和应变速率张量$\dot{e}_{ij}$两个张量，它们是流变学中两个基本运动量。许多本构方程都含有它们的第二不变量。无穷小应变张量的第一不变量I_1和应变速率张量第一不变量$\dot{I}_1$的物理意义是非常清楚的，可以推导出I_1与流体的体积收缩相关，如果$I_1=0$，则流体无体积变化；如果$I_1>0$，则流体体积膨胀；如果$I_1<0$，则流体体积收缩。虽然第二不变量频繁出现在一些本构方程中，但它们的物理意义并非很清楚，这也是流变学家们感到遗憾的地方。

2.4　本构方程和材料函数

前面已经定义了流变学的基本物理量：应力张量、应变张量和应变速率张量。众所周知，牛顿第二定律把运动量（速度）和动力量（力）联系起来。与经典的牛顿力学类比，流变学动力量应力张量相当于力，而流变学运动量应变张量和应变速率张量则相当于力所产生的结果，如位移、速度和加速度。本构方程就是这一类联系应力张量和应变张量或应变速率张量之间的关系方程，而联系的系数通常是材料常数，如黏度、模量等。

从理论上说，建立流体的本构方程是流变学最重要的任务，是将计算方法引进流变学的关键。寻找合适的本构方程至今仍是流变学领域研究的一个热点。除了有理论意义外，在工程实践上也是很有用的，它是高分子加工过程中复杂流动问题的工程分析基础。因此，当我们把流动场中的高分子材料作为连续介质时，可以用流体动力学三大基础方程（连续性方程、运动方程、能量方程）来描述它们在流变过程中质量守恒、能量守恒的状态（这部分内容在本书中不作阐述）。如果该流变过程是等温或接近等温过程，则不必考虑能量守恒方程，而只要知道速度矢量$\boldsymbol{v}$和应力张量σ的各个分量对独立变量（位置和时间）的函数关系，就能够完全确定该过程的流动场。前已述及，$\boldsymbol{v}$有三个分量，v_x、v_y、v_z，应力张量σ是对称张量，有6个独立分量，二者总共有9个未知函数。但是我们只有4个联系这些函数的状态方程，即一个连续性方程和三个运动方程（x、y、z方向的）。由此看来，为了使提出的问题有解，还缺少5个方程。这就需要将上述基础方程与本构方程联立求解。

本构方程（constitutive equation）中，各种张量之间的关系对于某一给定的材料是唯一的。本构方程有时也称为流变状态方程（rheological equation of state）。本构方程有些是很简单的，但更多的是很复杂的，牵涉到较深的数学，所以后面的一些章节中我们仅介绍一些较简单的本构方程，如牛顿流体、幂律流体的本构方程，使学习者对它有初步的了解。

材料函数可以看做是本构方程的特殊情况，即某一给定的特定的应力分量与应变分量之间的关系。材料函数可以通过实验测定应力和应变之间的关系来直接加以确定。通常表示为联系应力和应变相应分量的各种经验方程，通常由被测物理量测定范围以及被测量材料中各点实际应力和应变分量之间关系等多种因素所决定。在材料函数中，三个测黏函数是实验流变学研究最重要的对象，也是利用测黏实验检验一个流变模型成功与否的判据。它们是剪切黏度函数 $\eta(\dot{\gamma})$ 和两个法向应力函数 $\psi_1(\dot{\gamma})$ 和 $\psi_2(\dot{\gamma})$。

$$\eta(\dot{\gamma})=\frac{\tau_{xy}}{\dot{\gamma}} \tag{2-57}$$

$$\psi_1(\dot{\gamma})=T_{xx}-\frac{T_{yy}}{\dot{\gamma}}=\tau_{xx}-\frac{\tau_{yy}}{\dot{\gamma}} \tag{2-58}$$

$$\psi_2(\dot{\gamma})=T_{yy}-\frac{T_{zz}}{\dot{\gamma}}=\tau_{yy}-\frac{\tau_{zz}}{\dot{\gamma}} \tag{2-59}$$

这三个测黏函数具体的物理意义以及在高分子流体流变过程中所产生的现象将在第 3 章中详述。不过，正如以上所述，这样的材料函数不仅取决于测试条件，也强烈依赖于材料自身的本体结构与形态。众所周知，材料分类是多种多样的，材料的流变学分类则一般根据在简单剪切作用下的材料的剪切应力-应变响应来划分，如表 2-1 所示。

表 2-1　材料的流变学分类

材料的流变学分类	应力-应变响应	又　名
刚体	$\gamma=0$	欧基里德体
线性弹性固体	$\tau=G\gamma \quad G=\text{const}$	
非线性弹性固体	$\tau=G(\gamma)\gamma$	
黏弹体	$\tau=f(\eta,\gamma,t)$	
非线性黏性流体	$\tau=\eta(\dot{\gamma})\dot{\gamma}$	非牛顿流体
线性黏性流体	$\tau=\eta\dot{\gamma} \quad \eta=\text{const}$	牛顿流体
无黏性流体	$\tau=0$	帕斯卡流体

表 2-1 中，γ 和 $\dot{\gamma}$ 分别代表剪切应变和剪切速率；τ 代表剪切应力。高分子流体绝大部分都表现出非牛顿流动行为。非牛顿流体指的是那些剪切应力和剪切速率的关系不服从牛顿本构关系的流体，这种关系是非线性的。剪切流动中非线性流体可以归纳成以下三种类型。

(1) 非时间依赖性非牛顿流体　这类流体中任何一点的剪切速率都是该点剪切应力的某种函数，而不依赖于其他因素。

(2) 黏弹流体　这类流体具有固体和液体二者的特性，在形变之后表现出部分（而非全部）弹性回复。

(3) 时间依赖性非牛顿流体　这种流体的剪切应力-剪切速率关系依赖于流体被剪切作用的时间，这是一种复杂的体系，如触变性和流聚性流体。这里所指的时间依赖性，是指材料结构出现永久性变化的时间依赖性，应与黏弹时间常数那种时间依赖性相区别。

关于上述几种流体流动行为具体的特点、本构关系和材料函数及其在高分子加工过程中的具体应用，将在第 3 章中给予详细的介绍。

第3章 高分子流体的流变模型

流体流动的方式有很多，简单流动、复杂流动等。拉伸流动和剪切流动都属于简单流动。以稳定的简单剪切流动为例，这种流动可看作流体元处于两块平行板之间的流动（图3-1），如果采用笛卡儿坐标系，在 $y=0$ 处的流体是静止的，而在 $y=h$ 处的流体则与上平板以相同的速度 v_{max} 沿 x 方向运动，假定在 z 方向上没有流动发生。

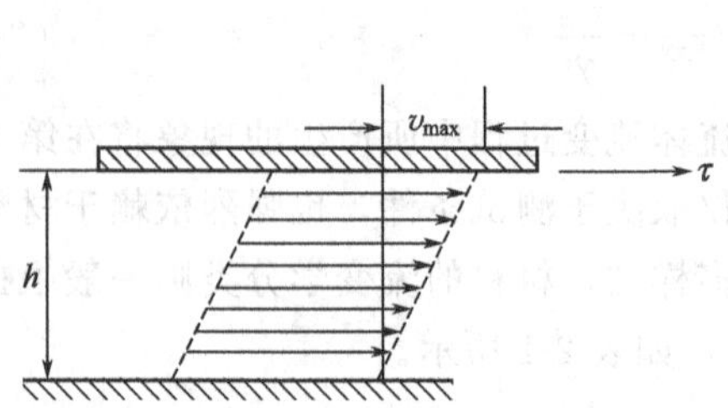

图 3-1 平行板之间的简单剪切流动

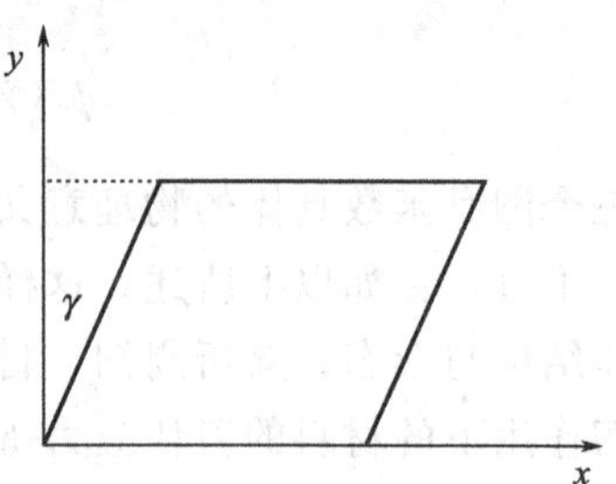

图 3-2 简单剪切流动分析

所谓简单剪切流动，即流体内任意一坐标为 y 的流体流动的速度 v_y 正比于其坐标 y：

$$v_y=\overline{v}y \tag{3-1}$$

式中，$\overline{v}$ 为流动速度梯度。

如果流体为稳定的层流，那么与上板接触的一层流体的速度 v 正比于流体的高度：

$$v=\overline{v}h \tag{3-2}$$

下面分析一下简单剪切流动的剪切速率情况。如第2章简单流变过程部分所述，初始流动时，角应变非常小（图3-2），即：

$$\frac{dx}{dy}=\tan\gamma\approx\gamma|_{\gamma\to 0} \tag{3-3}$$

则剪切引起的角应变速率（简称剪切速率）$\dot{\gamma}$ 为：

$$\dot{\gamma}=\gamma/dt=\frac{dx/dy}{dt}=\frac{dx/dt}{dy}=dv/dt \tag{3-4}$$

显然，在小应变的情况下，剪切速率与流动速度梯度相等，即 $\dot{\gamma}=\overline{v}|_{\gamma\to 0}$。而在大应变或较大剪切速率的情况下，两者是不相等的。但为了便于对剪切流动进行分析，人们通常习惯于用剪切速率来取代流动速度梯度。

对于简单剪切流动，此时式(3-4) 可简化成：

$$\dot{\gamma}=\frac{v}{y}=\frac{v}{h} \tag{3-5}$$

由于 $v=u/t$，其中 u 为位移，那么速度梯度又可写成：

$$\overline{v}=\frac{u/t}{h}=\frac{\gamma}{t}=\dot{\gamma} \tag{3-6}$$

要保持流体作上述剪切流动，必须施加应力以克服各层流体流动时的摩擦阻力。不同的流体流动阻力不同。线性黏性理论认为，要保持稳定的流动，所需的剪切应力与剪切速率 $\dot{\gamma}$

成正比，即：

$$\tau=\eta\dot{\gamma} \tag{3-7}$$

这就是著名的牛顿定律，也是牛顿流体的定义式。式中，τ 为剪切应力，η 为常数，即黏度，是流体的性质，表示流体流动阻力的大小。这样的流动称为牛顿流动，或线性黏性流动。而表现出此流动的流体，我们则称为牛顿流体，或线性黏性流体。对于这一类流体，在既定条件下，剪切流动过程中的流动阻力不变，即黏度为常数。

因此在流变学中，对于所有的流体可以定义剪切黏度 η 的一般表达式：

$$\eta=\tau/\dot{\gamma} \tag{3-8}$$

要注意的是，上式并非是牛顿定律的表达式。

按照国际单位制，黏度 η 的单位是 Pa・s，剪切应力 τ 的单位是 Pa，剪切速率 $\dot{\gamma}$ 的单位是 1/s。

3.1　牛顿流体模型

牛顿在 1687 年对于牛顿流体首先提出过一个假设，认为流动的阻力正比于两部分流体相对流动的速度。但进一步的理论和实验的发展则是在 19 世纪上半叶由法国科学家柯西(Cauchy)、泊松（Poisson）及英国科学家斯托克斯（Stocks）等人完成的。简单地说，牛顿流体的黏度随温度的上升而下降，不随剪切速率的改变而改变，应力与应变速率之间符合简单的线性关系，如图 3-3 所示。水、酒精、酯类、油类等低分子液体均属于牛顿流体，高分子浓溶液、熔体在一定的条件（比如较低的剪切速率）下也可以表现出牛顿流动的行为，这将在下一节继续讨论。

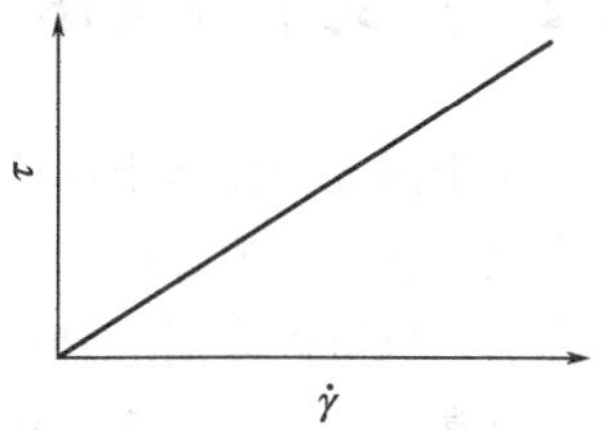

图 3-3　牛顿流体应力与应变速率之间的线性关系

牛顿流体张量形式的本构关系如下：

$$\tau=\eta\dot{e}_{ij} \tag{3-9}$$

式中，τ 为剪切应力张量。从第 2 章中我们已经知道，对于牛顿流体的简单流动行为来说，无论是简单剪切还是简单拉伸，其流动都只在一维方向上发生，因此本构关系可简化为一维的形式，即式(3-7)：

$$\tau=\eta\dot{\gamma}$$

在单轴拉伸的情况下，可以很容易导出下列简单关系：

$$\sigma=3\eta\dot{\varepsilon}=\eta_e\dot{\varepsilon} \tag{3-10}$$

式中，σ 和 $\dot{\varepsilon}$ 分别为拉伸应力和拉伸速率，η_e 为拉伸黏度。显然，牛顿流体的拉伸黏度 η_e 与剪切黏度 η 有下列关系：

$$\eta_e=3\eta \tag{3-11}$$

式(3-11) 称为特鲁顿（Trouton）公式，η_e 亦称为特鲁顿黏度。牛顿流体是最理想的一类黏性流体，不管简单流动的方式如何，表现出来的流动行为的特点是相同的。假定在流体试样上瞬时施加一个应力 τ_0，然后保持不变［图 3-4(a)］，再在某时刻 t_1 移除应力，牛顿流体的流动一般表现出以下特点。

(1) 变形的时间依赖性　在线性黏性流动中，达到稳定态后，剪切速率不变，即：

$$\dot{\gamma}=\tau/\eta=\mathrm{d}\gamma/\mathrm{d}t \tag{3-12}$$

如从变形的角度出发，则：

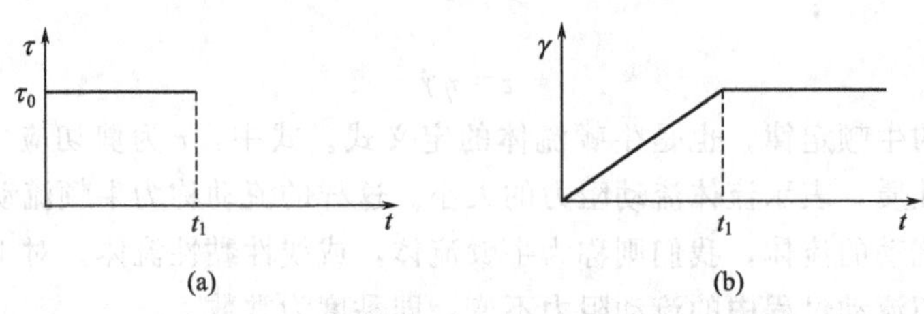

图 3-4　一定的应力史下牛顿流体的应变响应

$$\gamma=\frac{\tau}{\eta}t \tag{3-13}$$

即流体的变形随时间不断发展，具有时间依赖性。

（2）流体变形的不可回复性　这是黏性变形的特点，其变形是永久性的，称为永久变形。如图 3-4 所示，当外力移除后，变形保持不变（完全不回复）。聚合物熔体或浓溶液发生流动，涉及分子链之间的相对滑移，这种变形是不能回复的。

（3）能量耗散　外力对流体所做的功在流动中转为热能而散失，这一点与弹性变形过程中的贮能完全相反，因此，流动也不具有记忆效应。

（4）正比性　线性黏性流动中应力与应变速率成正比，黏度与应变速率无关。

3.2　广义牛顿流体

对于高分子流体来说，在一定的流场作用下其内部结构可能会发生变化，从而引起黏度的变化。这样的流体称为广义牛顿流体。对于广义牛顿流体，式(3-7) 的牛顿本构关系已经失效，但可以采用一种形式上与其本构关系相似的表达式，如式(3-14)。但它的黏度不再是个常数，而与应变速率张量相关。

$$\tau_{ij}=\eta(\dot{e}_{ij})\dot{e}_{ij} \tag{3-14}$$

式中，η 为非牛顿黏度。我们已经知道应变速率张量有三个不变量，而对于简单剪切流动，显然 $\dot{I}_1=\dot{I}_3=0$，由式(2-55) 第二不变量 $\dot{I}_2$ 应为：

$$\dot{I}_2=\dot{e}_{xx}\dot{e}_{xx}+\dot{e}_{xy}\dot{e}_{yx}+\dot{e}_{xz}\dot{e}_{zx}+\dot{e}_{yx}\dot{e}_{xy}+\dot{e}_{yy}\dot{e}_{yy}+\dot{e}_{yz}\dot{e}_{zy}+\dot{e}_{zx}\dot{e}_{xz}+\dot{e}_{zy}\dot{e}_{yz}+\dot{e}_{zz}\dot{e}_{zz} \tag{3-15}$$

由于对称的原因，上式也可以写成：

$$\dot{I}_2=\dot{e}_{xx}\dot{e}_{xx}+\dot{e}_{yx}\dot{e}_{yx}+\dot{e}_{zx}\dot{e}_{zx}+\dot{e}_{xy}\dot{e}_{xy}+\dot{e}_{yy}\dot{e}_{yy}+\dot{e}_{zy}\dot{e}_{zy}+\dot{e}_{xz}\dot{e}_{xz}+\dot{e}_{yz}\dot{e}_{yz}+\dot{e}_{zz}\dot{e}_{zz}$$

因为 $\dot{e}_{xy}=\dot{e}_{yx}=\dot{\gamma}$，而其余分量皆为零，故 $\dot{I}_2=2\dot{\gamma}^2$。

因此，式(3-14) 中的非牛顿黏度 η 实际上依赖于应变速率张量 $\dot{e}_{ij}$ 的第二不变量 $\dot{I}_2$，即

$$\eta=\eta(\dot{I}_2) \tag{3-16}$$

在实际应用过程中，广义牛顿流体的黏度与应变速率张量分量或第二不变量的关系常用幂律定律、卡洛模型等表达。

（1）幂律定律（power law）

$$\eta=k\left(\frac{1}{2}\dot{I}_2\right)^{\frac{n-1}{2}} \tag{3-17}$$

式中，k 是黏度系数，单位为 $Pa\cdot s^n$；n 称为流动指数，是个无量纲值。幂律定律适用于剪切速率较大的场合，例如$\dot{\gamma}>10s^{-1}$，不过即使 $10s^{-1}$的剪切速率，仍然要比高分子熔融加工时的剪切速率小得多。

如果把较低的剪切速率区域也包括进去，则可采用另一种三参数的模型：

$$\eta=\frac{\eta_0}{1+\left(\frac{k}{\eta_0}\right)\left(\frac{1}{2}\dot{I}_2\right)^{\frac{1-n}{2}}} \tag{3-18}$$

式中，η_0 为零剪切黏度。

在幂律定律中，n 是常数，不随温度变化。而 k 与 η 一样，都是温度的函数。

(2) 卡洛模型（Carreau Model）　为了更加准确地表达聚合物流变曲线，可采用五参数模型：

$$\frac{\eta-\eta_\infty}{\eta_0-\eta_\infty}=\frac{1}{[1+(\lambda\dot{\gamma})^a]^{\frac{1-n}{a}}} \tag{3-19}$$

式中，η_0是零剪切黏度；η_∞是$\dot{\gamma}$趋于非常大时聚合物剪切变稀达到的另一个平衡黏度；$\dot{\gamma}$是剪切速率；λ 是松弛时间；n 为一参数，λ 与 n 都不随$\dot{\gamma}$而改变。对于很多高分子流体，当$\dot{\gamma}$增大到一定程度时，大分子链容易发生降解，因此 η_∞可以取零。

这样假定后，如果 $a=2$，式(3-19) 则可简化为三参数 Carreau 模型式(3-20)：

$$\eta=\eta_0[1+(\lambda\dot{\gamma})^2]^{\frac{n-1}{2}} \tag{3-20}$$

如果 $a=1$，式(3-19) 可简化为 Cross-Williamson 模型：

$$\eta=\frac{\eta_0}{[1+\lambda\dot{\gamma}]^{1-n}} \tag{3-21}$$

除了上述的模型，还有 Ellis 模型、Casson 模型、Herschel-Bulkley 模型等。以上这些模型都是经验方程，用幂律定律和卡洛模型来解决实际问题往往比较有效。它们描述的是稳定流动条件下的黏度与剪切速率的依赖关系。当需要考察非稳定流动的高分子流变行为时，则必须采用黏弹性本构模型，具体内容将在 3.7 节讲述。

3.3　幂律流体模型

3.3.1　幂律流体

幂律定律的张量定义已由式(3-17) 给出。对于一维方向的简单流动行为来说，本构关系可简化为：

$$\tau=K\dot{\gamma}^n \tag{3-22}$$

该方程称为幂律方程，符合该方程的流体称幂律流体。它仅适用于中等的剪切速率范围，可用于模具和加工设备中从工程上分析流体的流变行为，计算不太复杂的流动其速度分布。幂律方程没有考虑到高分子流体的弹性形变，仅仅是黏性流体方程，由于方程的数学关系非常简单，目前它依然是最为广泛使用的高分子流体流动模型之一。

式(3-23) 中 K 为流体的稠度系数。K 越大，流体越黏，即流动阻力越大；n 为非牛顿指数，一般说来，对于大多数高分子流体，在剪切速率$\dot{\gamma}$变化不是太宽的范围内，K与n可看作常数，这是较为简单的情况，但在橡胶混炼、挤出塑化、注射成型实际加工过程中，剪切速率范围往往较大，因此在所有可能的范围内并非如前所述那样。对上式两边取对数，可得：

$$\lg\tau=\lg K+n\lg\dot{\gamma} \tag{3-23}$$

则非牛顿指数n为：

$$n=\mathrm{d}\lg\tau/\mathrm{d}\lg\dot{\gamma} \tag{3-24}$$

显然，当$n=1$时，$K=\eta$，这意味着体系为牛顿流体，稠度系数与黏度相等。

进一步说，由式(3-8) 给出的黏度的定义式可知：

$$\eta=\frac{\tau}{\dot{\gamma}}=\frac{K\dot{\gamma}^{n}}{\dot{\gamma}}=K\dot{\gamma}^{n-1} \tag{3-25}$$

则黏度对剪切的依赖性可以表示为：

$$\frac{\mathrm{d}\eta}{\mathrm{d}\dot{\gamma}}=(n-1)K\dot{\gamma}^{n-2} \tag{3-26}$$

因此：

当$n=1$时，$\mathrm{d}\eta/\mathrm{d}\dot{\gamma}=0$，流体为牛顿流体；

当$n<1$时，$\mathrm{d}\eta/\mathrm{d}\dot{\gamma}<0$，流体为假塑性流体；

当$n>1$时，$\mathrm{d}\eta/\mathrm{d}\dot{\gamma}>0$，流体为胀塑性流体。

以剪切应力τ对剪切速率$\dot{\gamma}$作图可得到流动曲线。不同类型流体的流动曲线见图3-5(a)。如果以黏度η对剪切速率$\dot{\gamma}$作图，则可得到图3-5(b)。

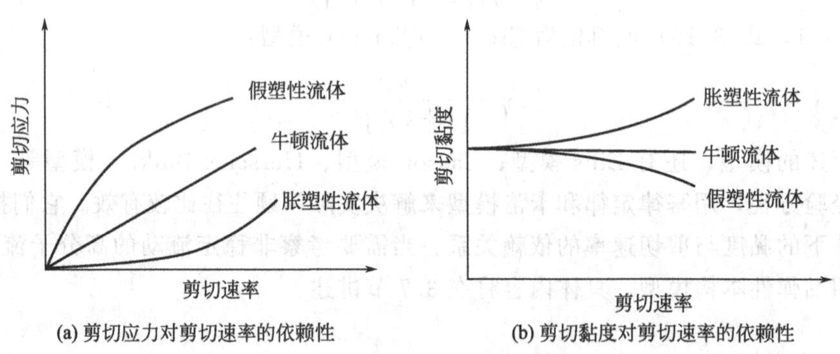

图 3-5　不同类型流体的流动曲线

可以看出，在整个流动曲线中，n是变化的，但在某个局部的剪切速率$\dot{\gamma}$范围内，n可能为恒定的。当$n=1$时，幂律定律即为牛顿定律，此时的流动是牛顿流动；而当$n<1$时，流动则表现为剪切变稀的行为，对应的流体称为假塑性流体（pseudoplastic fluid）；反之，当$n>1$时，体系的黏度随剪切速率增加而非线性增加，称为剪切增稠，此时的流体为胀塑性流体（dilatant fluid）。由此可见，n与1之差可作为流体的非牛顿性的量度指标。当n值越小时，偏离牛顿流动越远，黏度随$\dot{\gamma}$增大而降低，流动性增强。

多数高分子溶液、熔体均属于假塑性流体，而且高剪切速率下的黏度可比低剪切速率下的黏度小几个数量级。这种剪切变稀的特点在高分子材料的加工成型中具有重要的意义。聚合物熔体的黏度降低使加工更加容易，在充填模具的过程中也更容易流过窄小的流道，这一结果还降低了大型注模机、挤出机运转所需的能量。不同的高分子材料由于它们的近程和远程结构的显著不同，通常会表现出不同的假塑性行为，即便是同一高分子材料，在分子量及分子量分布不同的情况下，其剪切变稀的敏感性和程度也是不同的。这部分内容我们将在第5章详细讨论。

3.3.2　假塑性流体

对许多高分子流体流动曲线的研究表明，流体的假塑性常常只表现在某一剪切速率范围内，在很低或很高的剪切速率范围内则均表现为牛顿流动。从图 3-6 所示的双对数曲线可以看到曲线包含三段：低剪切速率区是一段斜率为 1 的直线，即第一牛顿区，对应的黏度为零剪切黏度 η_0，表现为一段不依赖于剪切速率的牛顿平台。η_0 可从这一段直线外推到与 $\lg\dot{\gamma}=0$ 的直线相交处求得。中等剪切速率区则是一段反 S 形曲线，曲线斜率 $n=d\sigma_s/d\dot{\gamma}<1$，对应的黏度随剪切速率的增加而急剧下降，这一中间区域称为剪切变稀区（假塑区）。从曲线上任一点引斜率为 1 的直线与 $\lg\dot{\gamma}=0$ 的直线相交，得到的就是曲线上那一点对应的剪切速率下的表观黏度 η_a。在高剪切速率区流动曲线又是一段斜率为 1 的直线，即第二牛顿区，由这段直线外推到与 $\lg\dot{\gamma}=0$ 的直线相交处得到的黏度 η_∞，称为无穷剪切速率黏度，表示剪切速率趋于无穷大时黏度的极限值，即 $\eta_\infty=\lim\limits_{\dot{\gamma}\to\infty}\eta_a$。

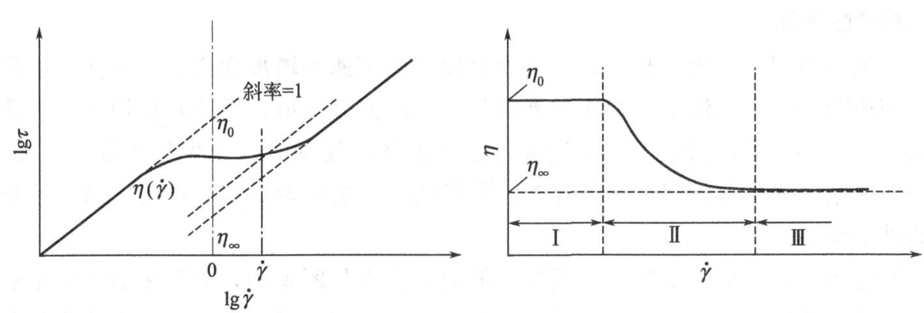

图 3-6　高分子流体的流动曲线

高分子流体流动曲线的特点是流动场中分子链的形态发生了变化的结果。一般认为，当分子量超过某一临界值后，分子链间可能因相互缠结或因范德华力相互作用形成链间瞬态物理交联，这些所谓的物理交联点（缠结点、范德华力作用点）在分子热运动的作用下，处于不断解体和重建的动态平衡中，结果使整个熔体或浓溶液具有瞬变的交联空间网状结构。因此，高分子流体可能具有交联橡胶的一些性质。物理交联点的解体和重建对于黏度的贡献具有相反的作用。在低剪切速率区，物理交联点破坏很少，其结构密度基本不变，因而黏度保持不变，高分子流体处于第一牛顿区；当剪切速率逐渐增加到达一定值后，分子链段沿流场方向取向，物理交联点被破坏速度大于重建速度，黏度开始下降，出现假塑性；而当剪切速率继续增加到物理交联点被破坏完全来不及重建，黏度降低到最小值，并不再变化，这就是第二牛顿区。

当剪切速率很高时，由于流动摩擦发热和流动的不稳定性，通常达不到这个第二牛顿区。假塑性区黏度下降的程度可以看做是剪切作用下物理交联点被破坏程度的反映。如果剪切速率进一步增大，缠结结构完全被破坏，高分子链沿剪切方向高度取向排列，直到出现不稳定流动，进入湍流区为止。而对于高分子共混体系和填充体系，情况要更为复杂，液滴的取向、变形、破裂，填料的取向、界面的解附等都可能是假塑性流动的原因，如图 3-7 所示。

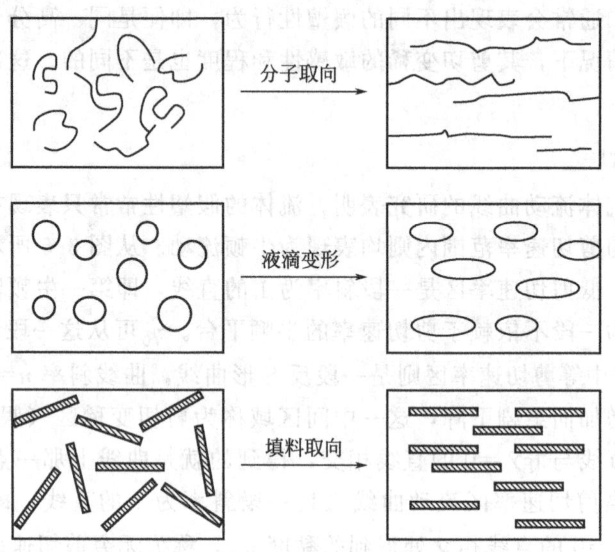

图 3-7　假塑性流体剪切变稀的内部形态变化机制

3.3.3　胀塑性流体

胀塑性流体与假塑性流体相反，其表观黏度随剪切速率增加而变大，即剪切增稠，且在很小的剪切应力下就可能流动。但在非常高的剪切应力（或剪切速率）作用下，黏度可能无限地增大，从而导致物料的破裂。采用幂律定律描述该流动时，非牛顿指数 $n>1$。许多高分子的分散体系，如固含量很高的悬浮液、糊状物、涂料以及泥浆、淀粉、高分子凝胶，都属于胀塑性流体。

胀塑性流体一般具有以下特点：颗粒分散的，而不是团聚的，分散相黏度需足够大，受分散介质的浸润性极小或完全不浸润。迄今对胀塑性的流动现象的研究还不是非常深入。一般认为，胀塑性的聚合物悬浮体系，当剪切应力不大时，粒子全是分开的；剪切应力大时，许多颗粒被搅在一起，虽然这种结合并不稳定，但却大大地增加了流动的阻力。搅动速度提高，使颗粒结合机会增多，阻力也越大（见图 3-8）。如果分散相浓度太小，此种结构不易形成；浓度太大，颗粒本来已互相接触，搅动时内部变化不多，故剪切增稠现象也不显著。这种剪切诱导形成的悬浮颗粒网络结构并不稳定，静态松弛后颗粒又会再次分散，于是体系黏度又降低了。

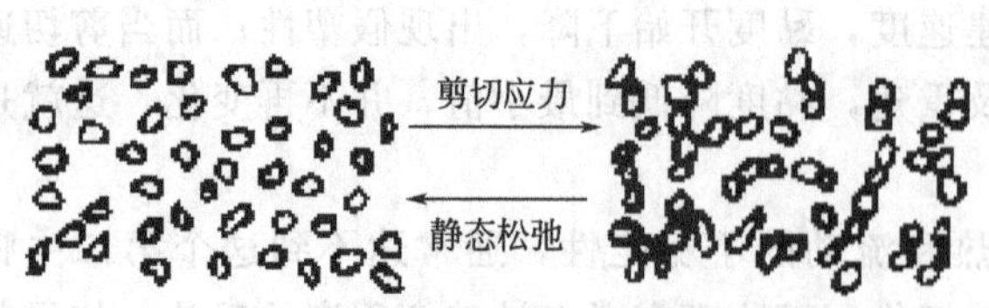

图 3-8　胀塑性流体剪切增稠的内部形态变化机制

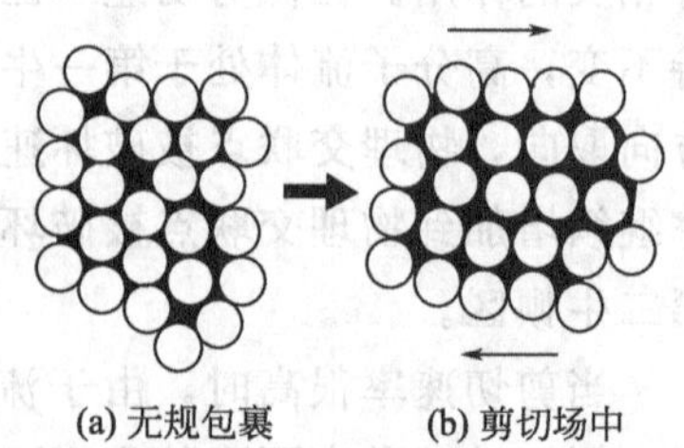

图 3-9　胀塑性流体剪切增稠的内部形态变化机制

还有其他一些机理可以解释胀塑性的产生。如图 3-9 所示，粒子在静止状态充填最密，故空隙最小，其中有少量液体填充空隙，在小的剪切应力下进行流动时，起到了“润滑剂”

的作用，所以黏度不高。随剪切应力增大，固体颗粒原来的堆砌状况已不能维持而被逐渐破坏，密集的颗粒体系变成松散的排列，空隙率增大，体积的膨胀造成位移阻力的增加，这种效应通常也是可逆的。

3.4 宾汉塑性流体模型

高分子熔体一般呈现剪切变稀行为，具有假塑性。而宾汉流体（Bingham fluid）是指当所受的剪切应力超过临界剪切应力 τ_y 后，才能变形流动的流体，亦称塑性流体（plastic fluid）。但一旦发生流动，其黏度保持不变，呈现牛顿行为，如图 3-5 所示。如果超过临界剪切应力 τ_y 后，呈现剪切变稀或剪切增稠的非牛顿行为，则称此流体为广义宾汉流体。填充聚合物复合体系当填充量足够大时，往往会表现出屈服后假塑性流动的行为，因此属于广义宾汉流体范畴。

宾汉流体的张量表示形式如下：

$$\tau=\tau_y+K\left(\frac{1}{2}I_2\right)^{\frac{n-1}{2}}\dot{e}_{ij}\qquad(\tau>\tau_y)\tag{3-27}$$

式中，τ_y 为屈服应力张量，$\tau>\tau_y$ 意味着只有在应力超过屈服点时，方程才具有实用性，否则就不出现流动。这是一种塑性行为，在屈服前，流体实际是弹性固体。

对于一维方向的简单流动行为来说，式(3-27) 可简化为：

$$\tau=\tau_y+K\dot{\gamma}^n\tag{3-28}$$

显然，在简单流变过程里，当施加的应力超过屈服应力 τ_y 后，体系发生流动。此时的流动同样可以用幂律定律来描述。即当 $n=1$ 时，流体表现出线性的牛顿流动，这是最简单的一类情况，我们称为宾汉塑性流体（Bingham plastic fluid）；当 $n<1$ 时，流体则表现出非线性的剪切变稀流动行为，因此称为屈服假塑性流体（yield pseudoplastic fluid），亦称为 Herschel-Bulkley 塑性流体；而当 $n>1$ 时，显然，流体的流动具有胀塑性，称为屈服胀塑性流体（yield dilatant fluid），或称为 Casson 塑性流体。这三类塑性流动共同构成了广义的宾汉流体范畴，如图 3-10 所示。

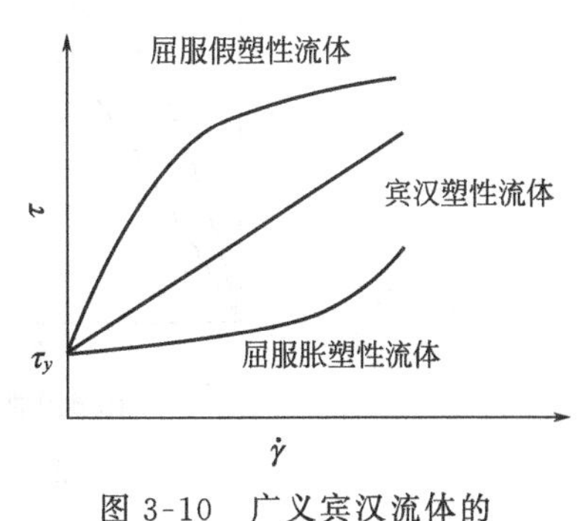

图 3-10　广义宾汉流体的三类塑性流动

这里，宾汉流体是最简单的塑性流体，膏状物、牙膏、润滑脂、某些泥浆以及一些高聚物浓溶液和悬浮分散体系等多属此种类型。在 $\tau<\tau_y$ 时，宾汉塑性材料表现出线性弹性响应，只发生虎克变形。而当 $\tau>\tau_y$ 时，它变为液体，发生线性黏性流动，遵从牛顿定律。其黏度称为塑性黏度，以 η_p 表示，很显然：

$$\eta_p=(\tau-\tau_y)/\dot{\gamma}\tag{3-29}$$

或

$$\eta=\frac{\tau}{\dot{\gamma}}=\frac{\tau_y}{\dot{\gamma}}+\eta_p\tag{3-30}$$

高分子流体出现宾汉塑性的机理很简单，以填充聚合物体系为例，在静止时，由于极性键间的吸引力、分子间力、氢键等强烈的相互作用，会形成分子链间或粒子间的凝胶或三维网络结构。这些网络结构的存在使它们在受较低应力时像固体一样，只发生弹性变形而不流动。只有当外力超过某个临界值 τ_y 时，凝胶或网络结构被破坏，流体才发生流动，固体便屈服转变为液体。

3.5 触变性流体

如果剪切速率保持不变，而黏度随时间减少，那么这种流体称为触变性流体（thixotropic fluid）。触变作用是一种相当普遍的现象。一些高分子的悬浮液如油漆、涂料等往往都具有触变性（thixotropy），它们刷涂后不流延，无刷痕，也就是说，粘在刷上的油漆不流动，一经刷动，流动阻力立即减小，从而更容易铺开使表面光滑。在一定剪切速率范围内，如 0.1～10s^{-1}，人体的血液也具有触变特性。

最简单的情况是对称触变性，溶液在剪切变化期间刚度结构受到破坏，剪切停止后刚度结构又恢复。

假塑性和胀塑性材料都不同程度的具有时间依赖性，表观流动曲线中剪切速率上升和下降曲线不重合，形成一个滞后圈。这种现象仅在结构变化不太快和正逆过程的速率常数有足够的差值时才能观察到，如图 3-11 所示。触变滞后圈由两部分组成：上升曲线和下降曲线。它们所包含的面积被定义为使材料网络或凝胶结构被破坏所需的能量，其量纲为能量/体积。

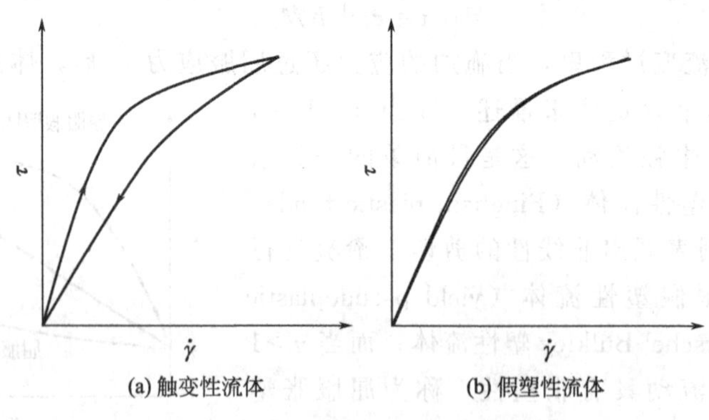

图 3-11　触变性流体流动的滞后环

不同的触变流体在同样的剪切历史下滞后圈应该是不同的，即便是同一流体，在不同的剪切历史下滞后圈也不相同。图 3-12 表示了同一触变流体从相同的基态时开始剪切，最高剪切速率相同、剪切加速度不同时的滞后圈形式。显然，滞后圈表示该种材料的内部结构的松弛特征。因此，触变性材料必然是具有时间依赖性的假塑性体，但假塑性材料不一定是触变体。

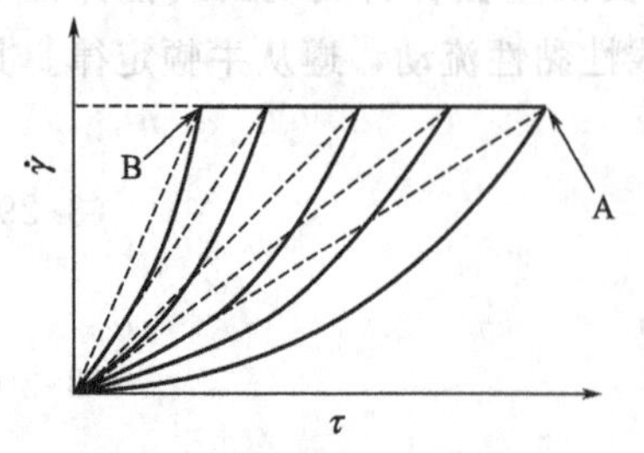

图 3-12　剪切加速度不同的同一触变流体的滞后圈

总之，触变性实际上就是指流动对剪切的依赖性具有弛豫特性。它有以下特征。

① 结构可逆变化，即当外界有一个力施加于系统时伴随着结构变化，而当此力除去后，体系又恢复到原来的结构。

② 在一定的剪切速率下，应力 τ 从最大值减小到平衡值。

③ 流动曲线是一个滞后环或回路。简单地说，对于触变流体，破坏与重建达到平衡时体系 η 最小。不同的触变性表现为黏度恢复的快慢，虽然完全恢复需要较长时间，但初期恢复的比例常会在几秒或几分钟内达到 30%～50%。这种初期恢复性在高分子凝胶、糊状物、涂料等的实际应用中很重要。

3.6　震凝性流体

由上述内容可知，一些流体的流动行为与观测时间的尺度有关，其表观黏度不仅依赖于剪切速率，而且依赖于已作用的剪切时间，其流动行为与剪切历史有关。已经知道维持恒定的剪切速率时，黏度随时间减少，或者所需的剪切应力随时间减少的流体称为触变流体；反之，恒剪切速率下，黏度随时间增加，或者所需的剪切应力随时间增加的流体称为反触变流体（anti-thixotropic fluid），也称震凝性流体（rheopexic fluid），如图 3-13所示。

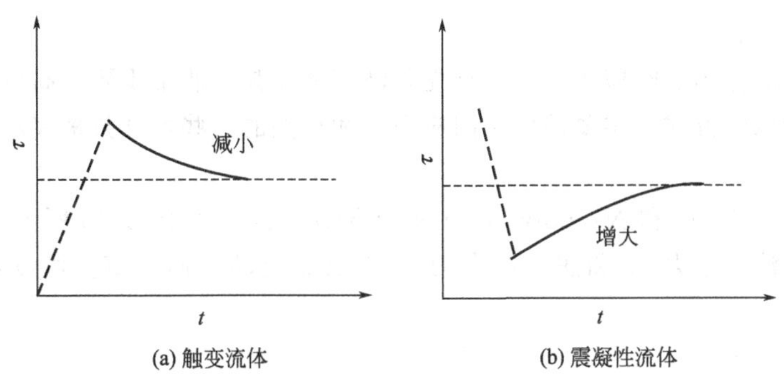

图 3-13　一定的剪切速率下，触变流体和震凝性流体的剪切应力对时间的依赖性

显而易见，触变性描述的是具有时间依赖性的假塑性流体的流动行为，而震凝性描述的是具有时间依赖性的胀塑性流体的流动行为。碱性的丁腈橡胶的乳胶悬浮液就是震凝流体的一种。通常这种溶液似乳状，它受到长时间剪切作用后，会变成一种类似于弹性球体的状态，如果将其静置，它会重新回到液体状态。

饱和聚酯的流动在一定条件下也可以表现出震凝性，如图 3-14 所示。

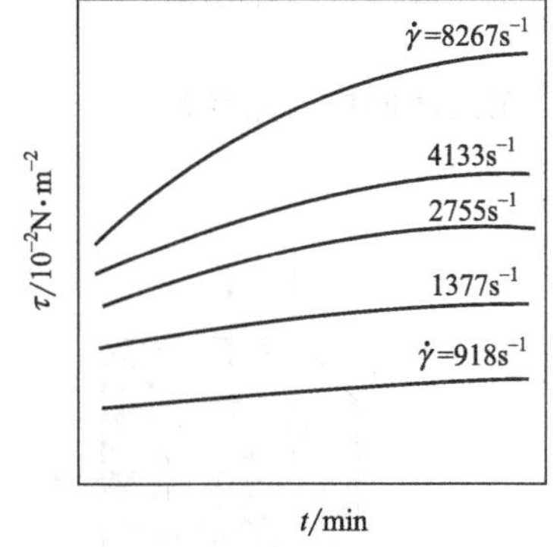

图 3-14　饱和聚酯流动中的震凝性

胀塑性流体结构的建立随剪切速率增加而增加。如果下降曲线同上升曲线不重合，显然也存在依赖时间的效应，这就产生了震凝现象，所得滞后圈的方向与触变性材料正好相反。高分子加工中震凝现象比较少见，由于胀塑性材料的流变性不利于加工，所以在加工中要尽可能避免震凝现象的出现。震凝现象的解释并不困难：简单地说，就是剪切增稠的效应具有滞后性，或时间依赖性，这同样是因为内部增稠结构的变化与其平衡之间需要时间所致。必须指出的是，凡震凝性材料必然是胀塑体，但胀塑性材料却不一定是震凝体，这与触变性和假塑性之间的关系一样。

3.7 黏弹性流体

我们已经介绍并讨论了线性黏性流体（牛顿流体）和非线性黏性流体（假塑性和胀塑性流体）以及塑性流体（广义宾汉流体）。然而对于绝大部分高分子熔体和溶液来说，在其流动过程中还伴随着强烈的弹性变形，具体的一些例子已经在绪论部分作了介绍，如爬杆现象、无管虹吸、挤出胀大等。大多数高分子流体的弹性与分子量大小、结构和作用时间有关。有些条件下，高分子弹性相对于黏性可以忽略不计，这时可用纯黏性流体的本构方程来表示它们的流动行为。反之，则必须采用复杂的黏弹性本构方程来表示其流变行为。为了更深入地理解高分子流体的黏弹行为，有必要将这种流变行为单列出来进行详细讨论。

3.7.1 弹性参数

对于高分子流体的实际应用来说，预先判断流体黏弹性非常重要。高分子流变学对于弹性的表述有其特殊的方式，主要是用法向应力差和相关的一些无量纲数来表示流体弹性的大小及对流动的贡献。

对于高分子流体的实际应用来说，预先判断流体黏弹性非常重要。高分子流变学对于弹性的表述有其特殊的方式，主要是用法向应力差和相关的一些特征数来表示流体弹性的大小及对流动的贡献。

(1) 法向应力差 N_1 和 N_2(normal stress differences)　如图 3-15 所示，法向应力 t_{xx} 与流动方向平行，法向应力 t_{yy} 和法向应力为 t_{zz} 与层流流动方向垂直。可以定义两个法向应力差：

第一法向应力差　　$N_1 = t_{xx} - t_{yy}$　　(3-31)

第二法向应力差　　$N_2 = t_{yy} - t_{zz}$　　(3-32)

在此基础上定义两个法向应力差系数：

第一法向应力差系数　　$\psi_1 = \dfrac{t_{xx} - t_{yy}}{\gamma^2}$　　(3-33)

第二法向应力差系数　　$\psi_2 = \dfrac{t_{yy} - t_{zz}}{\gamma^2}$　　(3-34)

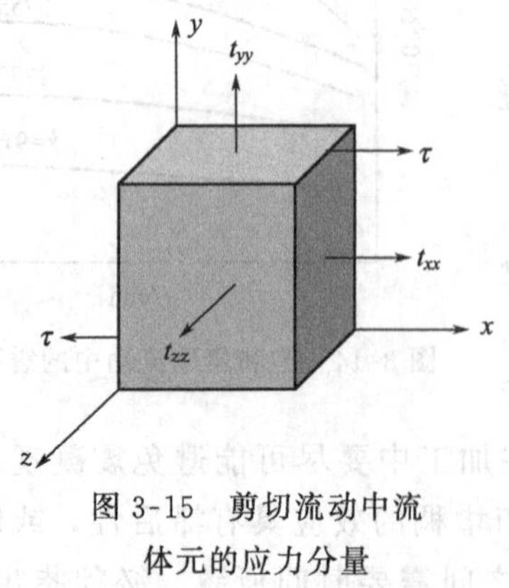

图 3-15　剪切流动中流体元的应力分量

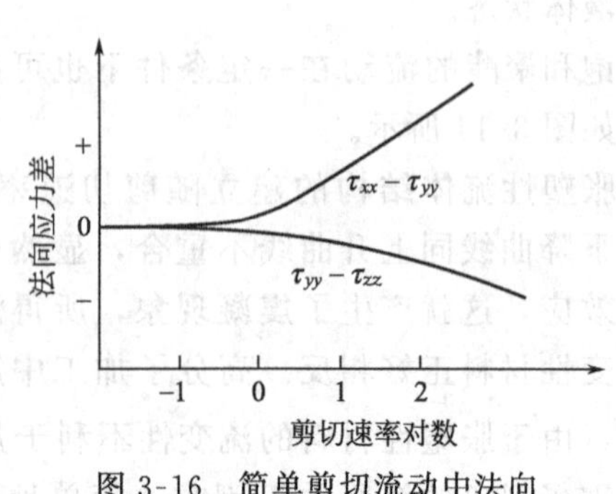

图 3-16　简单剪切流动中法向应力差随剪切速率的变化

由于牛顿流体在测得剪切速率范围内黏度不变，故法向应力差恒为零：$N_1 = N_2 = 0$。而对于高分子流体，第一法向应力差一般都为正值，而且当剪切速率很高时，在数值上可能大于剪切应力。第一法向应力差为正值，说明大分子链取向引起的拉伸力与流线平行。

第二法向应力差一般为负值，其绝对值也很小，通常约为第一法向应力差的 1/10。但也有研究者认为，第二法向应力差可能为零，也可能为正值。高分子流体的法向应力差随剪切速率变化的一般规律如图 3-16 所示。在后面我们会知道，第一法向应力差随剪切速率变化的规律与剪切模量随剪切速率或频率的变化规律相同。

(2) 可回复剪切 S_R(recoverable shear)

$$S_R=\frac{t_{xx}-t_{yy}}{2\tau_{xy}}=\frac{\tau_{xx}-\tau_{yy}}{2\tau_{xy}} \tag{3-35}$$

将两个法向应力差除以剪切应力 τ_{xy}，可以得到回复剪切特征数 S_R。S_R 越小，法向应力差越小，说明流体的弹性越不明显。当 $S_R \ll 1$ 时，可将流体作为黏性流体处理。反之，S_R 越大，弹性效应越明显。

因为　$\psi_1=\dfrac{t_{xx}-t_{yy}}{\dot{\gamma}^2}$，$\eta=\dfrac{\tau_{xy}}{\dot{\gamma}}$

所以

$$S_R=\frac{\psi_1\dot{\gamma}^2}{2\eta\dot{\gamma}}=\frac{\psi_1\dot{\gamma}}{2\eta} \tag{3-36}$$

对于线性黏弹性流体，$\lambda=\dfrac{\psi_1}{2\eta}$，式中 λ 是松弛时间。所以：

$$S_R=\lambda\dot{\gamma} \tag{3-37}$$

(3) 魏森贝格数 Ws(Weissenberg number)

$$Ws=\frac{N_1}{\tau} \tag{3-38}$$

同样，魏森贝格数 Ws 与回复剪切 S_R 一样，它也可以判断流体弹性的大小。Ws 越小，弹性作用越不明显；反之，Ws 越大，弹性作用越强。对于线性黏弹性流体，$Ws=2\lambda\dot{\gamma}=2S_R$。

(4) 德博拉数 De(Deborah number)

$$De=\frac{\lambda}{\theta_D} \tag{3-39}$$

式中，θ_D 是实验观察时间。因此，德博拉数 De 实际是一个无量纲时间，可以从时间尺度上来判断高分子体系的黏弹性。如果 $De \ll 1$，流体的弹性可以忽略，即当作黏性流体处理；当 $De \gg 1$ 时，流体则显示出了弹性固体的特性。当 $De \approx 1$ 时，流体具有黏弹特性；$De > 1$ 时，弹性效应较强；$De < 1$ 时，弹性效应较弱。

3.7.2 黏弹性模型

前面已经提及，在广义牛顿流体中，应力 τ_{ij} 只依赖于当前的应变速率张量 $\dot{e}_{ij}$，而与形变的历史无关。此时，$\psi_1=\psi_2=0$，η 为常数时，称为牛顿流体。$\eta=\eta(\dot{\gamma})$ 时称为非牛顿流体。如果流体具有黏弹性，ψ_1 和 ψ_2 不等于零，此时流体具有记忆特性，因此应力不仅与当前的应变速率张量有关，还与应变历史有关。

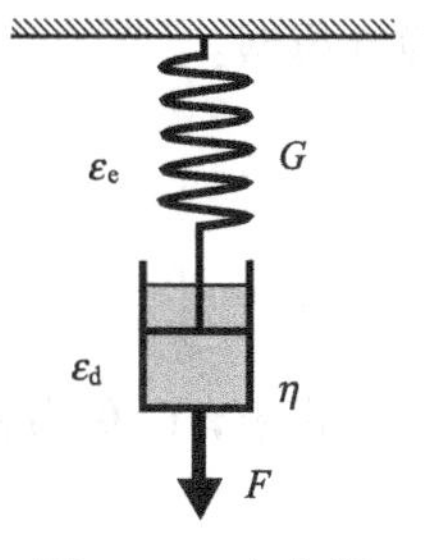

图 3-17　麦克斯韦模型

(1) 麦克斯韦 (Maxwell) 模型　麦克斯韦模型是最为经典的描述材料黏弹行为的力学模型之一，由力学单元黏壶与弹簧串联而成，见图 3-17。图中，黏壶代表黏性流体，遵循牛顿定律；弹簧代表虎克固体，遵循虎克定律。在串联的情况下，黏壶与弹簧中的应力相等，都等于 F；而总应变等于黏壶与弹簧的应变之和，即 $\tau_d=\tau_e=\tau$，$\varepsilon_d+\varepsilon_e=\varepsilon$。

对于简单的一维流动，由牛顿定律 $\tau=\eta\frac{\mathrm{d}\varepsilon_d}{\mathrm{d}t}$ 可得 $\frac{\mathrm{d}\varepsilon_d}{\mathrm{d}t}=\frac{\tau}{\eta}$，由虎克定律 $\tau=G\varepsilon_e$ 可得 $\frac{\mathrm{d}\varepsilon_e}{dt}=\frac{1}{G}\times\frac{\mathrm{d}\tau}{\mathrm{d}t}$。因此，总的应变速率为：

$$\dot{e}=\frac{\mathrm{d}\varepsilon}{\mathrm{d}t}=\frac{\mathrm{d}\varepsilon_d}{\mathrm{d}t}+\frac{\mathrm{d}\varepsilon_e}{\mathrm{d}t}=\frac{\tau}{\eta}+\frac{1}{G}\times\frac{\mathrm{d}\tau}{\mathrm{d}t} \tag{3-40}$$

由此可得麦克斯韦模型的表达式：

$$\tau+\lambda\frac{\mathrm{d}\tau}{\mathrm{d}t}=\eta\dot{e} \tag{3-41}$$

这就是麦克斯韦微分型本构方程。式中，松弛时间 $\lambda=\eta/G$。松弛时间表达了高分子流体流动过程中黏性与弹性各自贡献的大小。把上式改写成张量形式可以得到下列方程：

$$\tau_{ij}+\lambda\frac{\mathrm{d}\tau_{ij}}{\mathrm{d}t}=\eta\dot{e}_{ij} \tag{3-42}$$

由于虎克定律只适用于无限小位移梯度下的变形，因此，麦克斯韦模型也只适用于无限小形变梯度的情况，即只适用于线性黏弹性行为的描述。因此在式(3-42）中，黏度 η、特性模量 G、松弛时间 λ 都是常数。当流动处于稳态时，$\mathrm{d}\tau/\mathrm{d}t=0$，得出牛顿流体的本构方程 $\tau_{ij}=\eta\dot{e}_{ij}$。当处于非稳态时，解方程(3-42）可得：

$$\tau=\tau_0e^{-t/\lambda} \tag{3-43}$$

式中，$\tau_0=\eta\dot{e}_{ij}$。对于线性黏弹性行为的表达，除了上述的微分方程外，也可采用积分式。如果在式(3-41）两端乘上积分因子 $e^{t/\lambda}$，并用 r 代替 ε，整理后可得：

$$\frac{\tau}{\lambda}e^{t/\lambda}+e^{t/\lambda}\frac{\mathrm{d}\tau}{\mathrm{d}t}=G_0e^{t/\lambda}\frac{\mathrm{d}r}{\mathrm{d}t} \tag{3-44}$$

式中，$G_0=\eta/\lambda$。对上面方程中各项分别求积分 $\int_{-\infty}^{t}\mathrm{d}t'$：

$$\int_{-\infty}^{t}\frac{\tau}{\lambda}e^{t'/\lambda}\mathrm{d}t'+\int_{-\infty}^{t}e^{t'/\lambda}\frac{\mathrm{d}\tau}{\mathrm{d}t'}\mathrm{d}t'=\int_{-\infty}^{t}G_0e^{t'/\lambda}\frac{\mathrm{d}r}{\mathrm{d}t'}\mathrm{d}t' \tag{3-45}$$

将上式左边第二项分部积分再代入整理后，可得含应变速率$\dot{\gamma}$的积分型麦克斯韦方程：

$$\tau(t)=\int_{-\infty}^{t}G_0e^{-\frac{t-t'}{\lambda}}\dot{\gamma}(t')\mathrm{d}t' \tag{3-46}$$

对上式右边进一步分部积分，可得含应变历史 γ 的积分型麦克斯韦方程：

$$\tau(t)=-\int_{-\infty}^{t}\frac{G_0}{\lambda}e^{-\frac{t-t'}{\lambda}}\gamma(t,t')\mathrm{d}t' \tag{3-47}$$

以上两式是完全等价的。进一步设 $G=G_0e^{-\frac{t-t'}{\lambda}}$，$M=\frac{G_0}{\lambda}e^{-\frac{t-t'}{\lambda}}$，便可得到广义的线性黏弹性模型：

$$\tau(t)=\int_{-\infty}^{t}G\dot{\gamma}(t')\mathrm{d}t' \tag{3-48}$$

$$\tau(t)=-\int_{-\infty}^{t}M\gamma(t,t')\mathrm{d}t' \tag{3-49}$$

式中，G 称为松弛模量；M 称为记忆函数，二者之间关系如下：

$$M(t-t')=\frac{\partial G(t-t')}{\partial t'} \tag{3-50}$$

考虑到聚合物内部的结构是多层次的，因此其流体松弛时间各不相同。我们可以简单认为松弛时间是连续的谱式分布，即可以认为麦克斯韦模型是由许多性质不同且渐变的麦克斯韦元件并联而成，如图 3-18 所示。因此，修正后的模型如下：

$$G(t-t')=\int_0^{\infty}\frac{H(\lambda)}{\lambda}e^{-\frac{t-t'}{\lambda}}\mathrm{d}\lambda \tag{3-51}$$

$$G(t-t')=\int_0^{\infty}H(\lambda)e^{-\frac{t-t'}{\lambda}}\mathrm{dln}\lambda \tag{3-52}$$

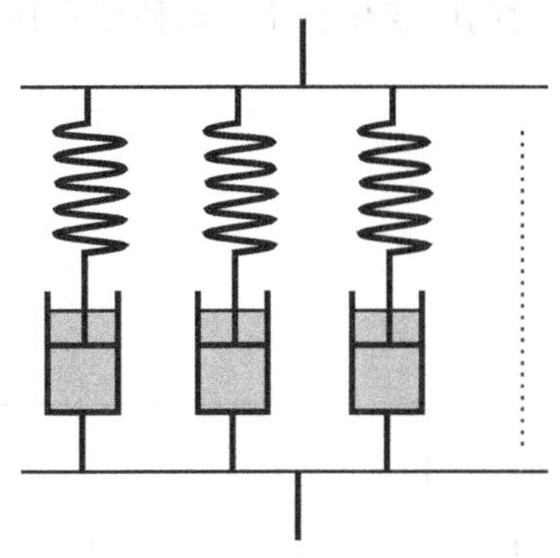

图 3-18　修正后的麦克斯韦模型

式中，$H(\lambda)$是松弛时间 λ 的连续分布函数，称为松弛时间谱。上式表明，松弛模量 G 是 $\lambda H(\lambda)$的拉普拉斯（Laplace）变换。该积分式可以很好的描述高分子流体在流动变形时的衰退记忆特征。但同样也只适用于聚合物的线性黏弹性行为，即体系的黏度是个常数，或流场的剪切速率很低。当然，黏壶与弹簧还可以有各种不同的组合，由此可以得出各种不同的黏弹模型，如 Voigt 模型、Kelvin-Voigt 模型、Jeffery 模型等。由这些力学模型所得到的微分或积分型黏弹本构关系将不再进一步阐述，但它们在高分子流体黏弹行为中的一些应用将在稍后讨论。

(2) 奥尔德罗伊德-麦克斯韦（Oldroyd-Maxwell）模型　上述的麦克斯韦模型虽然为建立更合适的本构方程打开了一条思路，但是它预示的剪切流动却是牛顿型的，由它在剪切场中无法得到法向应力的表达式，在数学上也是矛盾的，因为一个张量 τ_{ij} 对时间 t 的微分并不是张量，所以该方程未能满足张量方程的客观性原理。因此，我们必须要找到一种形式的微分，它既能保持随时间变化率的物理意义、在数学上可行，还要满足客观性原理。相对应的坐标系时间微分之一就是“共形变微分”——Oldroyd 微分。可以证明，在固定的坐标系中，Oldroyd 微分给出的是在随流动场平动与形变的坐标系中观察到的时间微分在固定的坐标系中的分量。通式可以写成：

$$\frac{\delta\tau_{ij}}{\delta t}=\frac{\partial\tau_{ij}}{\partial t}+u_k\frac{\partial\tau_{ij}}{\partial x_k}-\left(\frac{\partial u_i}{\partial x_k}\tau_{kj}+\frac{\partial u_j}{\partial x_k}\tau_{ik}\right) \tag{3-53}$$

我们可以用 Oldroyd 微来定义麦克斯韦模型，这样，它便具有所需要的数学性质。能够满足坐标性、应力可定性和客观性原理。它的张量形式为：

$$\tau_{ij}+\lambda\frac{\delta\tau_{ij}}{\delta t}=\eta\dot{e}_{ij} \tag{3-54}$$

由于该模型的推导与分析涉及较复杂的数学，这里不再作详细的推导。

必须指出的是，对于高分子流体非线性的黏弹行为，除了 Oldroyd 微分方程外，还有许多模型可以描述，如 White-Metzner（WM）方程、Phan-Thien-Tanner（PTT）方程、Giesekus 方程等。这些模型各有优点，但也存在着一定的局限性，围绕这方面的工作至今仍然在学术前沿领域展开着，这里不再赘述。

3.7.3　高分子流体的黏弹行为

黏弹行为从基本类型上说可以分为两类：线性的和非线性的。但从应力作用方式来看，又可以分为静态的和动态的。对于高分子材料来说，我们已经知道，蠕变和应力松弛是最典型的静态黏弹行为的体现，而滞后效应则是动态黏弹性的显著特征。

3.7.3.1　静态黏弹行为

(1) 蠕变　在不同的材料上瞬时地加上一个恒定的应力 τ_0，然后观察各种材料的应变随时间的变化规律，此种变化称为蠕变。显然各种材料有不同的响应，如图 3-19 所示。

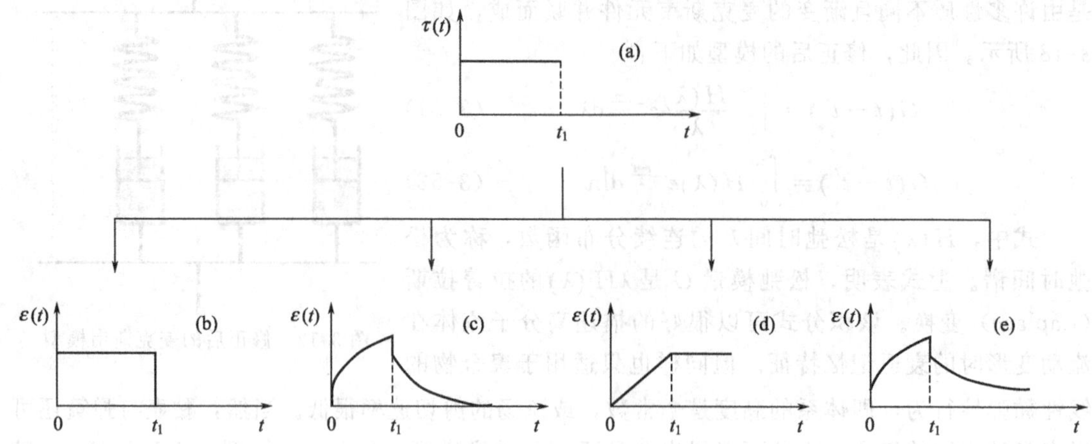

图 3-19　同一应力史下不同材料的蠕变及回复行为

(a) 恒定应力史；(b) 线性弹性体；(c) 黏弹性固体；(d) 线性黏性流体；(e) 黏弹性液体

可以看到，线性弹性体的应变是瞬时发生的，与时间无关。初始时刻的应变 $\varepsilon(0)=0$，而任一时刻的应变 $\varepsilon(t)=J\tau_0$。对于线性黏性流体，则有 $\varepsilon(0)=0$，$\varepsilon(t)=\tau_0 t/\eta$。显然，应变随时间的推移而线性增加，即发生了流动。但实际上，聚合物的黏弹响应是不同于以上两种理想模式的。比如交联橡胶的应变随时间增大而逐渐趋向一个定值，称为橡胶平台。

如果在 t_1 时刻瞬时除去应力，经过一段时间后能完全恢复其原有的形状，表现出固体的弹性，因而我们称为黏弹性固体（viscoelastic solid）；如果交联度不大甚至很小，形变随时间不断发展，并趋向恒定的应变速度（与黏性流体类似），应力除去后，只能部分恢复，留下永久变形，则这种材料称为黏弹性液体（viscoelastic liquid），因为在蠕变时发生了黏性流动。

对线性弹性体，用弹性常数柔量 J 表示其弹性；对线性黏性流体，则用黏度 η 表示其黏性，它们都依赖于材料自身性质，而与时间无关。知道了应力和应变或应变速率就可计算 J 和 η。然而对黏弹性体，无论是黏弹性固体或是黏弹性液体，应变都是随时间变化的，因而弹性常数具有时间依赖性：

$$\begin{cases}\varepsilon(t)=0 & t=0\\ \varepsilon(t)=E(\tau_0,t) & t\geqslant 0\end{cases} \tag{3-55}$$

而

$$J(t)=\varepsilon(t)/\tau_0 \tag{3-56}$$

式中，$J(t)$ 称为剪切蠕变柔量（shear creep compliance）。正如麦克斯韦模型所描述的，对于黏弹性的聚合物材料，$J(t)$ 同样具有时间谱。不同微观结构材料的黏弹性体有不同的 $J(t)$，因此，建立了 $J(t)$ 与聚合物材料内部结构的关系，就可以对材料在加工过程中的黏弹行为进行预判，从而指导材料的加工和应用。

典型的无定形线形高聚物的蠕变曲线见图 3-20。在短时间内我们观察到的是玻璃态的柔量（$10^{-3}\mathrm{MPa}^{-1}$），因为此时，在流场瞬间施加的过程中分子链段还来不及运动，表现为刚性状态。在充分松弛后便出现了主要的转变区，即黏弹区。在橡胶平台内，由于分子链的缠绕使它们不能相互滑移，因此 $J(t)$ 保持在 $10^{-3}\mathrm{MPa}^{-1}$ 数量级。最后进入黏流区，发生流动。

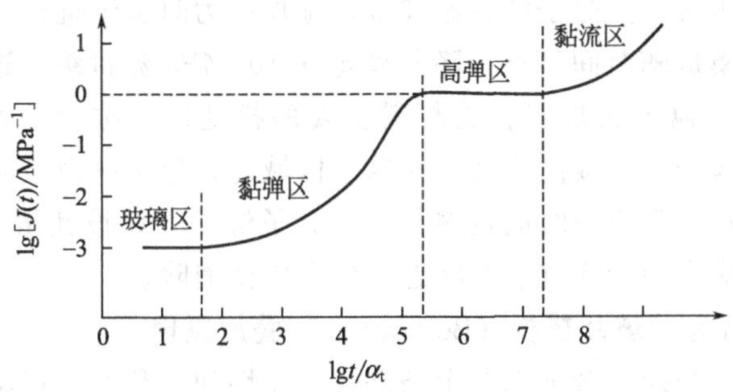

图 3-20　无定形线形高聚物的蠕变曲线

(2) 应力松弛　与蠕变恰好相反，应力松弛是给材料瞬间施加一个应变，然后在恒应变下观察应力随时间的变化。如图 3-21 所示，线性弹性体的应力不随时间而变，而线性黏性流体的应力则瞬时松弛，不能贮存能量。黏弹性固体的应力随时间下降，但不会降为零，而是趋向一个平衡值。对黏弹性液体来说，应力随时间下降并最终完全松弛为零。无论是黏弹性固体或是黏弹性液体，应力都是时间的函数，因此其模量 G 也是时间的函数：

$$G(t)=\tau(\varepsilon_0, t)/\varepsilon_0 \tag{3-57}$$

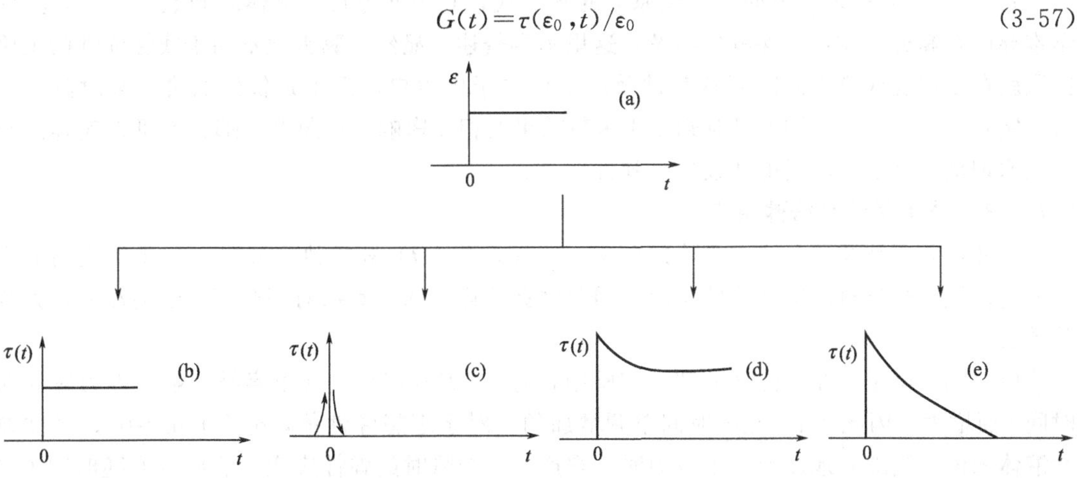

图 3-21　同一应变史下不同材料的应力松弛行为

(a) 应变史；(b) 线性弹性体；(c) 线性黏性流体；(d) 黏弹性固体；(e) 黏弹性液体

与剪切柔量 $J(t)$ 一样，$G(t)$ 也是黏弹性材料内部结构的反映，称为剪切松弛模量 (shear relaxation modulus)。必须指出，用蠕变实验来定义柔量，用松弛实验来定义模量才是准确的。两者间并非简单的倒数关系，这将在稍后的部分详细阐述。

$$J(t)=\frac{\varepsilon(t)}{\tau_0}\neq\frac{\varepsilon_0}{\tau(t)}=1/G(t) \tag{3-58}$$

图 3-22 为无定形线形聚合物典型的应力松弛叠合曲线。其形状与蠕变曲线接近于镜像关系。显然，在短时间内 $G(t)$ 几乎不随时间变化，保持在 10^3 MPa 数量级上，这表示由于分子间力作用及内摩擦大分子链在短时间内难于伸展，链段无法运动。这时聚合物表现为玻璃

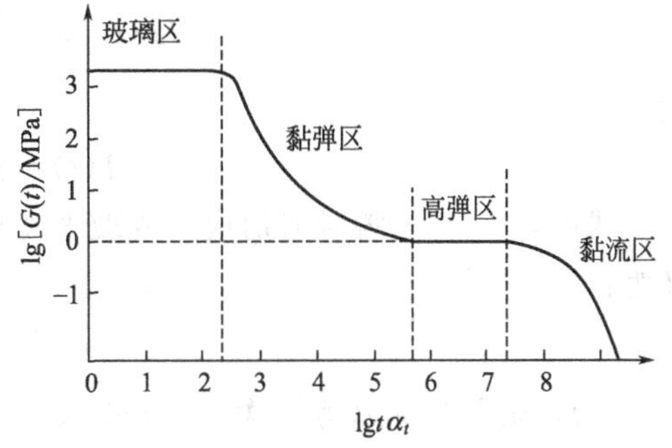

图 3-22　无定形线形聚合物典型的应力松弛叠合曲线

态。随着松弛时间的延长，大分子链开始伸展，施加应力时由于键长、键角等的改变引起的弹性应力完全松弛，模量随时间显著下降并稳定在 10^0 MPa 数量级。这段松弛时间约跨越 5 个时间数量级，这一松弛区域是聚合物材料主要的松弛区，称为黏弹区或橡胶-玻璃转变区。在黏弹区后进入橡胶平台或高弹区。在这个区域内，分子链由于需要克服相互间强烈的摩擦还不足以相互滑动。只有当时间足够长时，分子链才开始彼此滑移并最终进入黏流区。此时分子链恢复至受应力前的无规卷曲状态，应力完全消除。

3.7.3.2 线性黏弹行为的玻耳兹曼 (Boltzmann) 叠加原理

所谓线性黏弹性，必须符合下面两个条件：正比性和加和性。正比性指的是应变与应力成正比，即 $\varepsilon(t)=\tau_0 J(t)$。柔量 $J(t)$ 是由材料的性质决定的，与应力的大小无关。正比性是线性黏弹性的必要条件，但不是充分条件。我们说材料的黏弹性是线性的，还必须要求材料的应变或应力具有加和性。也就是说，应变与全部应力史呈线性关系，即符合玻耳兹曼叠加原理：

$$\varepsilon(t)=\int_{-\infty}^{t} J(t-\theta)\frac{\mathrm{d}\tau(\theta)}{\mathrm{d}\theta}\mathrm{d}\theta \tag{3-59}$$

式(3-59) 就是玻耳兹曼加和性原理的数学式，其中 θ 为某一具体时间点或时刻，其数学推导已在高分子物理等课程中涉及，这里不再赘述。显然，黏弹性不同于线性弹性的主要区别就在于应变或应力的时间依赖性及应变取决于应力史，而不是仅仅取决于某时刻的应力。实际上，只要在不同的 θ 时刻作用函数效果的相互影响可以忽略，那么就可将玻耳兹曼叠加原理推广到更为广泛的非线性黏弹性系统。

3.7.3.3 蠕变柔量和松弛模量

至此，我们涉及两个非常重要的概念：蠕变柔量 $J(t)$ 和松弛模量 $G(t)$，由于它们取决于材料性质，是材料内部结构的反映。因此掌握这样的两个参数对理解高分子的流变行为至关重要。

(1) 蠕变柔量　在黏弹体的蠕变实验中，有 $\mathrm{d}J(t)/\mathrm{d}t\geqslant 0$，这很容易理解，因为应变随时间 t 而增大，因此 $J(t)$ 是随时间单调增加的［对于理想弹性体，$\mathrm{d}J(t)/\mathrm{d}t=0$］。对黏弹性液体来说，当瞬时地加上一个应力时，它产生一个瞬时的弹性应变，然后应变随时间 t 逐渐增大并趋向与 t 呈线性关系，如图 3-23 所示。因此，黏弹性液体的柔量可以表示为：

$$J(t)=a+bt \tag{3-60}$$

其中：

$$a=J_0+\psi(t) \tag{3-61}$$

$$b=\mathrm{d}J(t)/\mathrm{d}t=\frac{\mathrm{d}\varepsilon(t)/\mathrm{d}t}{\tau_0}=\dot{\gamma}/\tau_0=1/\eta \tag{3-62}$$

则：

$$J(t)=J_0+\psi(t)+t/\eta \tag{3-63}$$

式中，J_0 称为瞬时剪切模量或玻璃态剪切柔量，反映了黏弹性流体的线弹性变形，定义为：

$$J_0=\lim_{t\to 0}J(t) \tag{3-64}$$

$\psi(t)$ 则称为推迟剪切柔量 (delayed shear compliance)，它是时间 t 的单调增加函数，反映橡胶弹性，因而是可以恢复的。显然，在式(3-63) 中，t/η 表示黏性流动，$J_0+\psi(t)$ 为总的可恢复的弹性变形，可用 $J_R(t)$ 表示：

$$J(t)=J_{\mathrm{R}}(t)+t/\eta \tag{3-65}$$

当 $t\to\infty$ 时，

$$J_{\mathrm{R}}(t)=J_0+\psi(\infty)=J_{\mathrm{e}}^0 \tag{3-66}$$

J_{e}^0 称为稳态柔量（steady state compliance）。显然，对黏弹液体来说，其蠕变柔量 $J(t)$ 包含了三方面的贡献：线性弹性、非线性弹性和线性黏性。每一部分的确定并不难，通过蠕变-回复实验即可获得，如图 3-24 所示。

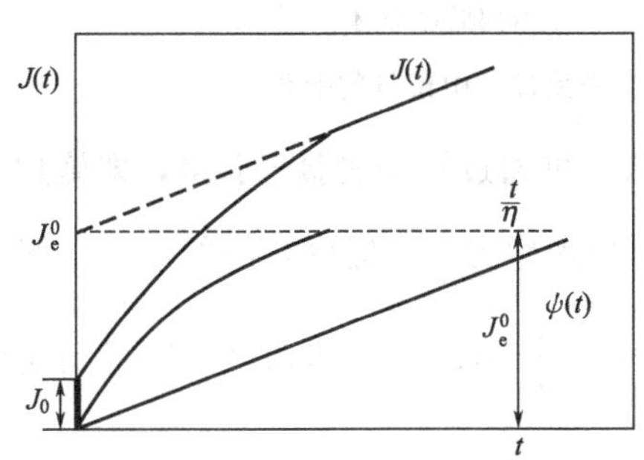

图 3-23　黏弹性液体蠕变过程中柔量随时间的变化

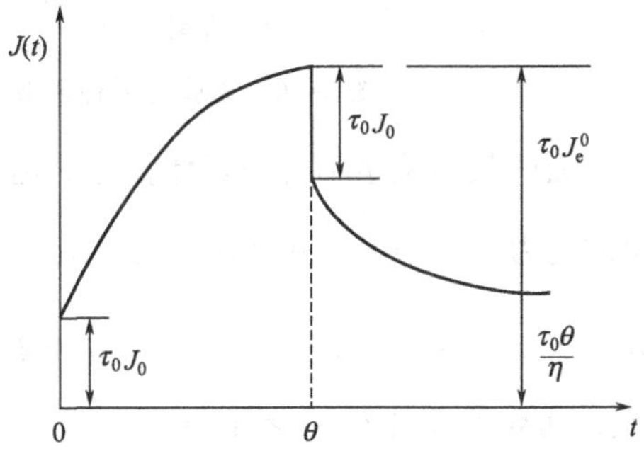

图 3-24　蠕变-回复实验中的应变曲线

对于黏弹性固体，情况要略简单一些。当瞬时地加上一个应力时，它产生一个瞬时的弹性应变，然后应变随时间逐渐发展，并趋于一个极限值，如图 3-25 所示。其 $J(t)$ 的一般形式如下：

$$J(t)=J_0+\psi(t) \tag{3-67}$$

J_0 与 $\psi(t)$ 的物理含义与黏弹液体相同。显然，黏弹固体的柔量不存在流动项，因此黏弹固体实际上就是非线性弹性体的另一种表现形式。当 $t\to\infty$ 时，$J(\infty)=J_{\mathrm{e}}=J_0+\psi(\infty)$，一般把 J_{e} 称为平衡柔量（equilibrium compliance）。

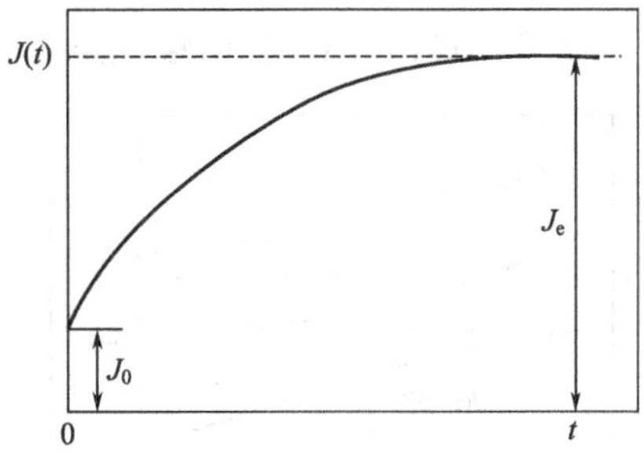

图 3-25　黏弹性固体蠕变过程中柔量随时间的变化

(2) 松弛模量　与蠕变柔量相比，黏弹体的松弛模量的表达要简单得多。当试样在应力松弛实验中突然产生一个应变时，会有一个与瞬间应力相应的模量响应 G_0，称为瞬间剪切模量，然后逐渐随时间下降，黏弹性固体有残余应力存在，相应的模量为 $G(\infty)=G_{\mathrm{c}}$。其中，G_{c} 称为平衡剪切模量（equilibrium shear modulus）。而对黏弹性液体，应力最后趋于零，如图 3-26 所示。因此，黏弹体的松弛模量可以写成：

$$G(t)=[G_{\mathrm{c}}]+\phi(t) \tag{3-68}$$

式中，$\phi(t)$ 表示模量对时间的依赖函数，而方括号表示对于黏弹性液体，$G_{\mathrm{c}}=0$。

(3) 蠕变柔量和松弛模量间的关系　前面已经提及，蠕变柔量 $J(t)$ 和松弛模量 $G(t)$ 之间并非简单的倒数关系。要确定它们之间的关系，必须首先确定它们中的任意一个。一般可以通过恒定应力或应变速度实验可以得到如下关系：

$$\tau_0=K\eta=K\int_0^{\theta}G(t)\,\mathrm{d}t \tag{3-69}$$

即

$$\int_0^{\theta}G(t)\,\mathrm{d}t=\eta \tag{3-70}$$

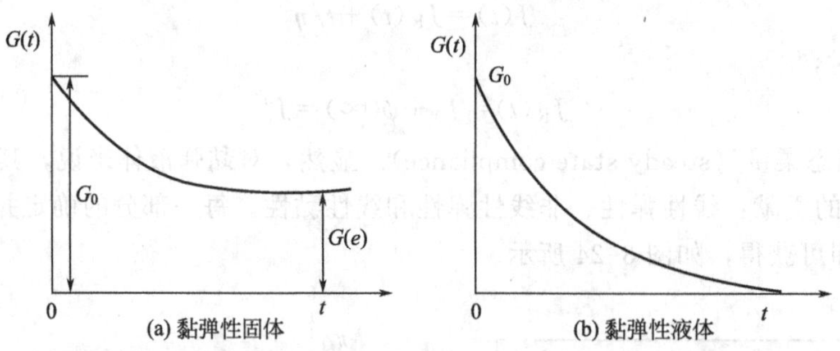

图 3-26　黏弹性固体和黏弹性液体应力松弛过程中模量的变化

上面的数学关系不再做具体推导。但这样的结果也可通过蠕变实验来获得，即施加一个恒定的应力 $\tau_0 = K\int_0^{\infty} G(t)\mathrm{d}t$ ，通过玻耳兹曼叠加原理来确定应力应变之间的关系。假设现在施加的不是一个应力，而是一个应力史，即 $\tau(\theta) = K\int_0^{\theta} G(t)\mathrm{d}t$ ，那么就可以得到蠕变柔量 $J(t)$和松弛模量 $G(t)$之间的关系。

应用玻耳兹曼叠加原理：

$$\varepsilon(t) = \int_{-\infty}^{t} J(t-\theta)\frac{\mathrm{d}\tau(\theta)}{\mathrm{d}\theta}\mathrm{d}\theta \tag{3-71}$$

由 $\mathrm{d}\tau(\theta)/\mathrm{d}\theta = KG(\theta)$可知：

$$\varepsilon(t) = K\int_0^{t} J(t-\theta)G(\theta)\mathrm{d}\theta \tag{3-72}$$

则 $\varepsilon(t) = Kt$，那么：

$$\int_0^{t} J(t-\theta)G(t)\mathrm{d}\theta = t \tag{3-73}$$

显然，式(3-73) 说明蠕变柔量 $J(t)$ 和松弛模量 $G(t)$ 之间并非简单的倒数关系，但它们之间可以通过该式联系起来。若将 $G(\theta)$、$J(t-\theta)$ 和 $G(\theta)J(t-\theta)$ 对变量 θ 作图（见图 3-27），我们可以得到一个简单的关系式：$G(t)J(t) \leqslant 1$。可见，$G(t) \neq 1/J(t)$，只有在某些特殊情况下 $G(t)$ 才与 $J(t)$ 有倒数关系。它们强烈依赖于时间，简单总结如下（见图 3-28）。

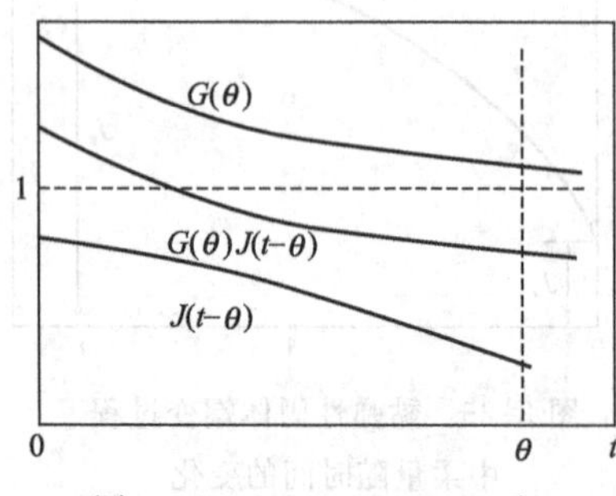

图 3-27　$G(\theta)$、$J(t-\theta)$ 和 $G(\theta)J(t-\theta)$ 对时间的依赖性

① 瞬时模量与瞬时柔量之间互为倒数：$\underset{t\to 0}{G(t)J(t)} = G_0 J_0 = 1$。

② 黏弹性液体 $t\to\infty$时，$\underset{t\to\infty}{G(t)J(t)} = 0$。

③ 黏弹性固体 $t\to\infty$时，$\underset{t\to\infty}{G(t)J(t)} = G_e J_e = 1$。

④ 而介于 0 和∞之间的任意时刻 t 时，$G(t)J(t) < 1$。

3.7.3.4　动态黏弹行为

高分子材料的动态黏弹性指的是在交变的应力（或应变）作用下，材料表现出的力学响应规律。动态黏弹性测量可以同时获得材料的黏弹流变行为；如果测量是在很宽频率范围内进行的，根据时温等效原理，很容易获得在很宽温度范围内材料的流变性质；还可以获得材料的动态黏弹性与稳态黏弹性之间的对应关系。

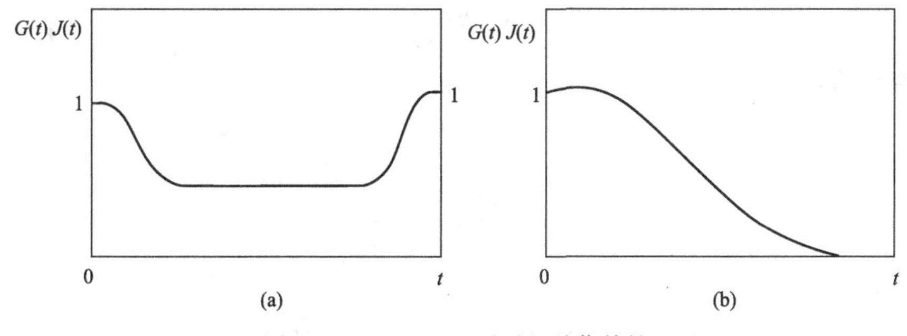

图 3-28　$G(t)J(t)$ 对时间的依赖性

(1) 小振幅振荡剪切的基本物理量　因为小振幅的应力或应变不会破坏高分子熔体或溶液内部的分子链缠绕结构，材料表现出的是线性的黏弹行为。所以动态测量通常都是在小振幅的交变应力或应变下进行的。这样的动态剪切称为小振幅振荡剪切（small amplitude oscillatory shear，SAOS）。

设在小振幅下，对高分子材料施以正弦变化的应变：

$$\gamma(t)=\gamma_0\sin\omega t \tag{3-74}$$

式中，γ_0 为应变振幅；ω 为振荡角频率，单位为 s^{-1}，有时为方便起见，也可以用线频率 f 表示，单位 Hz。施加交变应变后，应力响应 $\tau(t)$ 也应该是正弦变化的，且频率相同。不过由于高分子材料是黏弹性的，存在着滞后效应，这使得应力与应变之间有一个相位差 δ。

应力响应为：

$$\tau(t)=\tau_0\sin(\omega t+\delta) \tag{3-75}$$

对于纯弹性材料，$\delta=0$；对于纯黏性材料，$\delta=\pi/2$；而对于黏弹性材料，$0<\delta<\pi/2$，即应变比应力落后一个相位角 δ。为了方便起见，可将上述二式用复数形式表示，并参照普通弹性模量的定义，定义复数模量为：

$$G^*(i\omega)=\frac{\tau_0}{\gamma_0}(\cos\delta+i\sin\delta)=G'(\omega)+iG''(\omega) \tag{3-76}$$

我们把 $G'(\omega)=\frac{\tau_0}{\gamma_0}\cos\delta$ 称为贮能模量或弹性模量，而把 $G''(\omega)=\frac{\tau_0}{\gamma_0}\sin\delta$ 称为损耗模量或黏性模量。

则可以定义复数黏度为：

$$\eta^*(i\omega)=\frac{\tau_0}{\omega\gamma_0}(\sin\delta-i\cos\delta)=\eta'(\omega)-i\eta''(\omega) \tag{3-77}$$

高分子材料动态流变行为的测量仪器主要采用转子式流变仪，例如动态热力学分析仪和旋转流变仪等，通常采用仪器的振荡模式来实施小振幅振荡剪切。通过测量在一系列给定频率 ω 下的输入应变振幅 γ_0、输出应力振幅 τ_0 以及两者的相位差来获得高分子材料的动态黏弹参数。

动态模量为：

$$G^*=\sqrt{(G')^2+(G'')^2} \tag{3-78}$$

$$G'=\cos\delta\left(\frac{\tau}{\gamma}\right),\ G''=\sin\delta\left(\frac{\tau}{\gamma}\right) \tag{3-79}$$

损耗角正切为：

$$\tan\delta=\frac{G''}{G'} \tag{3-80}$$

动态黏度为：

$$\eta^*=\frac{G^*}{\omega} \tag{3-81}$$

$$\eta'=\frac{G'}{\omega},\ \eta''=\frac{G''}{\omega} \tag{3-82}$$

柔量为：

$$J'=\frac{G'}{(G')^2+(G'')^2},\ J''=\frac{G''}{(G')^2+(G'')^2} \tag{3-83}$$

由此可以给出模量-频率、黏度-频率、力学损耗-频率等一系列曲线族，从而获得高分子材料黏弹行为的明确信息。

(2) 动态力学性能　我们习惯于将固态高分子材料的黏弹行为称为动态力学性能。性能参数同样用模量 G'、G'' 或 J'、J'' 以及 $\tan\delta$ 等表示。与静态的松弛实验一样，我们可以测定不同温度下的 G'、G'' 与频率 ω 的关系曲线，再利用时温等效原理将它们平移成约缩曲线。一般说来，动态力学测试中的移动因子与静态力学中的移动因子具有相同的数值。但因为 ω 是时间的倒数，所以动态力学曲线的时标与静态力学的时标 t 方向恰好相反。因此在动态力学性能曲线中约缩时间为 $\omega\alpha_T$。

图 3-29 为固态高分子材料动态力学性能的约缩曲线。显然，在高频区由于应力作用时间短，分子链根本来不及松弛，因此贮能模量 $G'(\omega)$ 较高，约为 GPa 数量级，该区为玻璃区，贮能模量则为玻璃态时的模量，它不具有频率依赖性。而这时的损耗模量 $G''(\omega)$ 为零，说明这时应力应变同相。在中间的频率区内，$G'(\omega)$ 发生较大的变化，随 ω 减小而迅速降低，聚合物发生玻璃化转变，该区为黏弹区。$G''(\omega)$ 在该区内出现最大值，表明此时能量的黏性损耗急剧增加，而在出现最大值时的 ω、$G'(\omega)$ 的变化率最大。同样，$\tan\delta$ 曲线在黏弹区内也出现最大值，但其峰值相对于 $G''(\omega)$ 来说要向低频偏移。随 ω 继续减小，$G'(\omega)$ 和 $G''(\omega)$ 都达到稳态值，这意味着在足够低频率的应力或应变作用下，材料内部结构已经完全来得及松弛，因此对外界作用的抵抗能力降为最低。

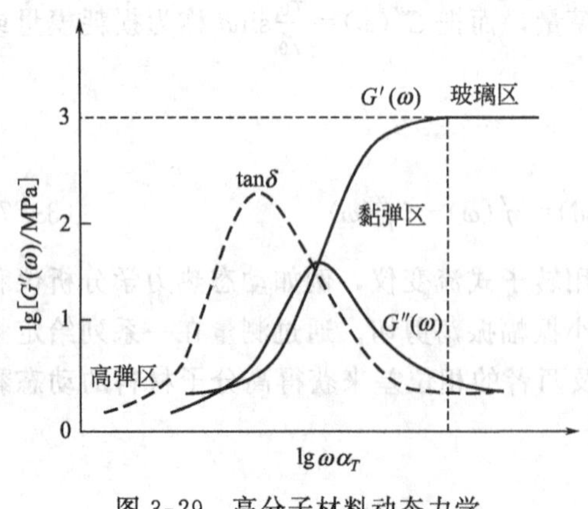

图 3-29　高分子材料动态力学性能的约缩曲线

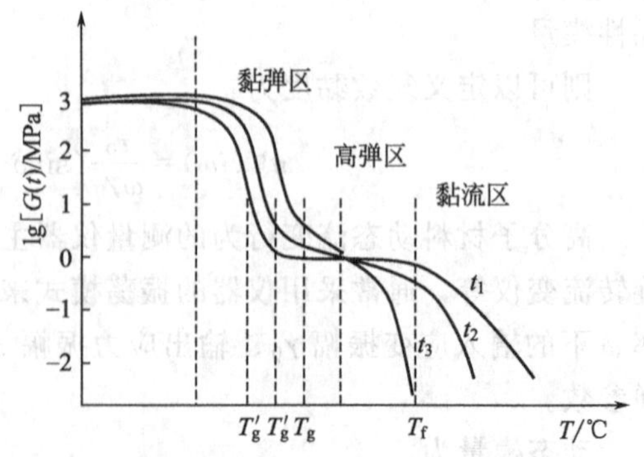

图 3-30　高分子材料不同时刻的等时线

高分子材料的动态黏弹行为除了具有频率依赖性外，还具有温度依赖性。根据时温等效原理，在一定程度上升高温度与降低外场作用频率是等效的。有的文献和专著中也采用等时线，即在给定的时刻 t 或频率 ω 来测量黏弹函数对温度的依赖性。需要指出的是，等时线的测定是改变温度，在每一温度只测定给定时间的黏弹函数，然后以这些函数值对温度作图。每次改变温度后必须让试样完全松弛，才能进行下一个温度的测定。例如使用动态热力学分析（DMA），得到的是连续升温测定黏弹性函数随温度的变化曲线，通常称为热机械曲线，曲线反映了聚合物的黏弹性，但它并不是等时线。

图 3-30 给出了高分子材料不同时刻的等时线。可以根据温度高低将材料的黏弹行为划分为四个区：低温与高频（短时域）相当，而高温则与低频（长时域）相当。

（3）动态流变性与稳态流变性的关系　与固体高分子材料不同，我们常用动态流变性或动态黏弹性术语来描述高分子熔体或溶液的流变特性。搞清楚高分子黏弹体的动态流变性与稳态流变性之间的关系，对于高分子材料的加工有非常大的意义。因为在熔体或溶液加工成型过程中，流场的情况是非常复杂的，搞清楚不同的流场下高分子的黏弹行为的表现，就可以对流场进行选择优化，从而控制加工工艺、提高制品综合性能。一般可将流场简化为如动态剪切、稳态剪切、拉伸等几种。

实验表明，绝大多数高分子熔体和溶液的动态黏度曲线与稳态黏度曲线显示出一定的相似性，见图 3-31。图中还给出同一种材料对应的稳态流变实验得到的第一法向应力差曲线。在角频率 ω 很小时，动态复数黏度趋于一个常数值，也可以认为表现出牛顿平台，这与在较低的剪切速率下稳态表观黏度的表现是一致的。当 ω 增大时，动态黏度随 ω 减小，类似于“剪切变稀”现象。由此可知，动态黏度也是高分子流体黏性损耗的一种量度，在低频率下可以作为零剪切黏度 η_0 的一种补充测量方法。在高频率范围内，两条曲线的趋势虽然相近，但一般 $\eta^*(\omega)<\eta_a(\dot{\gamma})|_{\dot{\gamma}=\omega}$。因此可以认为：

$$\lim_{\omega\to 0}\eta^*(\omega)=\lim_{\dot{\gamma}\to 0}\eta_a(\dot{\gamma})\big|_{\dot{\gamma}=\omega} \tag{3-84}$$

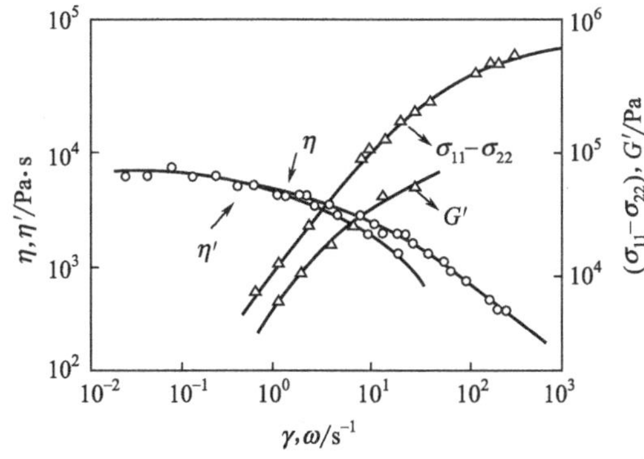

图 3-31　高分子流体的动态黏度曲线与稳态黏度曲线

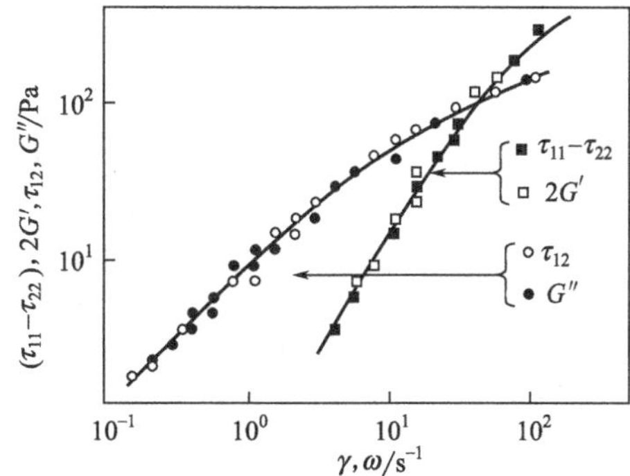

图 3-32　聚苯乙烯的甲苯溶液的动态模量、剪切应力及第一法向应力差

此外，从图中还能看到动态贮能模量曲线与稳态流变实验得到的第一法向应力差曲线的变化趋势也非常相似，这进一步说明了贮能模量 $G'(\omega)$ 同样可以作为材料弹性的描述。理论与实验研究均表明有下面公式成立：

$$\lim_{\omega\to 0}\frac{G'(\omega)}{\omega^2}=\lim_{\dot{\gamma}\to 0}\frac{N_1}{2\dot{\gamma}^2}\bigg|_{\dot{\gamma}=\omega} \tag{3-85}$$

这样的趋势类同性在图 3-32 中尤为明显。可以看到，第一法向应力差 $\tau_{11}-\tau_{22}$ 与动态贮能模量 $G'(\omega)$ 之间，稳态剪切应力 τ_{12} 与动态损耗模量 $G''(\omega)$ 之间在测试的频率和剪切速率范围内非常接近。在低频区，动态贮能模量曲线和损耗模量曲线均随频率 ω 增加而上升。在高频区，两组曲线可能相交，而后 $G'(\omega)>G''(\omega)$，说明随频率增大，材料的弹性响应增加较快，随后可能出现橡胶平台。模量曲线的交点一般称为凝胶点，在这一点 $G'(\omega)=G''(\omega)$，即 $\tan\delta=1$，意味着体系在此处发生了从黏性到弹性的转变。通过交点所对应的频率和模量能够很好地反映出高分子流体内部的结构信息，如分子量及分子量的分布等。

迄今为止，研究者们已经从高分子流体大量的稳态和动态流变数据的比较中，得到了如下几个经验公式：

$$\left|\eta^*(\omega)\right|=\eta_a(\dot{\gamma})\Big|_{\dot{\gamma}=\omega} \tag{3-86}$$

$$\left|G^*(\omega)\right|=\tau_{12}(\dot{\gamma})\Big|_{\dot{\gamma}=\omega} \tag{3-87}$$

$$\eta'(\omega)=\eta_c(\dot{\gamma})\Big|_{\dot{\gamma}=\omega} \tag{3-88}$$

式中，$\eta_c(\dot{\gamma})=\dfrac{d\tau(\dot{\gamma})}{d\dot{\gamma}}$，即材料的微分黏度或稠度。

也就是说，在较低的振荡频率下，当剪切速率与振荡频率相当时，许多高分子流体在动态测量中复数黏度的绝对值等于其在稳态测量中表观剪切黏度的值，而动态黏度的值等于其在稳态测量中微分剪切黏度的值。这就是经典的 Cox-Merz 关系式。实验表明，Cox-Merz 经验公式适用于大多数均聚物浓厚系统，包括熔体、浓溶液和亚浓溶液，但对高分子稀溶液不适用。

Cox-Merz 关系式虽然是经验公式，但具有很高的实用价值和理论意义。稳态简单剪切流场研究测量的是大分子间的内摩擦、分子链的取向程度及松弛特性等，是一种非线性测量；而动态剪切流场则是研究分子链的柔顺性、弛豫行为等，是一种线性黏弹性测量，这本是两种性质不同的测量，但 Cox-Merz 关系式提供了从测得的材料的稳态流变数据来估计其动态流变数据的一种简便方法。

第 4 章　高分子流体的流动分析

众所周知，高分子材料可以采用注射、挤出、吹塑、模压和压延等不同方法加工成型。方法的选择取决于高分子的分子量大小和分布、熔点、玻璃化温度、材料的相形态和其他性能。由于加工成型设备的流场的形状和尺寸不同，使加工工艺条件如温度、压力及其分布差异很大，所以高分子流体在加工设备中往往表现出很复杂的流变行为。尽管加工成型设备种类繁多而且结构复杂，但这些设备的流道、口模或模具的形状多数是由一些截面形状简单（如圆形、环形、狭缝、矩形、梯形及椭圆形等）的流道所构成。

由于高分子流体层间的黏滞阻力及与管道的摩擦阻力的作用，沿管道流动过程会出现压力降和速度变化。流道的截面形状和尺寸改变也会引起流体中压力、流速分布和体积流量的变化，这对于高分子材料的成型性能及工艺条件的设定等都会产生影响。因此有必要进一步分析高分子流体在一定形状的流道中的流动行为。高分子流体在简单形状管道中的流动计算已经较为成熟，但在复杂形状流道中的流动计算，目前仍采用一些半经验的方法，其计算方法实际上都是在简单流动的计算基础上修正而来的。不过无论在什么样的流道中或是什么样的条件下流动，都可以把高分子流体分为稳态流动和非稳态流动。

高分子流体在类似圆形管的流道中因受压力作用而产生的流动一般称为压力流动，也就是所谓的泊肃叶（Poiseuille）流动，此种流动的流道边界是刚性的和静止不动的。此时，高黏度的高分子流体在推动力的作用下，受到剪切作用，通常表现出稳态流动的特征。如果对流体流动没有施加压力梯度，在黏性的影响下边界的拖动使流体一起运动，则此种流动称为拖曳流动，也就是所谓的库埃特（Couette）流动。它也是一种剪切流动，但流体在流道中的压力降及流速分布受流体运动部分的影响。高分子在挤出机螺槽中的流动以及生产电缆的口模中的流动都是拖曳流动。另一种流动形式则是高分子流体在截面积逐渐变小的流道中的收敛流动。这种流动不仅受到剪切作用，而且还受到拉伸作用。

显然，在压力流动、拖曳流动和收敛流动中，流体的压力分布和速度分布都截然不同。简单地说，高分子流体在圆管、较宽的平行板狭缝口模或间隙很小的圆环形口模中的流动都可以认为是一维流动，在矩形口模或椭圆形口模中的流动则属于二维流动。而在锥形或收缩形流道中的流动，由于其速度不仅沿断面纵槽两向变化，而且也沿流动方向变化，因此收敛流动是一种典型的三维流动。

本章重点讨论高分子流体在简单圆管中的压力流动，并介绍其他一些常见的简单流动。

4.1　高分子流体在圆管中的流动

4.1.1　幂律流体在长圆管中压力流动

高分子流体在毛细管流变仪、熔体指数测定仪、乌氏黏度计、圆形挤出口模中流动都属于这一类流动。如图 4-1 所示。

高分子流体的流动非常复杂。由于内部存在着自由体积，因此高分子流体在流动过程中

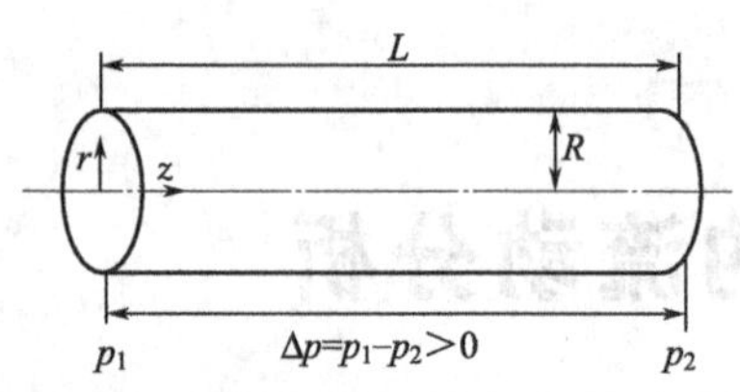

图 4-1　长圆管中压力流动

实际上是可压缩的，它的压缩率约为百分之几。在高剪切速率下，流体在管壁处可能会滑移，有时这种滑动会使流动速率增加 5%。此外，流道各部分可能存在着温度不均匀性，使在不同位置的高分子流体流可能具有不同的密度、黏度、流动速度和体积流率等，这些因素会使流动的分析和计算变得非常复杂。但由于大多数高分子流体黏度很高（一般达 10^2～10^6 Pa），并且在正常加工过程中很少出现扰动，因此在分析讨论高分子流体在管道中的流动行为时，为了简化分析与计算，需要假定若干条件。

在多数情况下，高分子流体表现出稳定的层流（laminar flow）流动并服从幂律定律，因此可以假定它们的流动符合以下特征：①流体是不可压缩的；②流动是充分发展的稳定流动；③不考虑末端效应；④边界无滑移；⑤忽略重力作用；⑥在圆管中流动是对称的；⑦等温，忽略黏性耗散；⑧与流动垂直的方向上无压力分布。

4.1.1.1　**流体在圆管中的剪切应力分布**

圆管状的流体尺寸见图 4-1。图中，R 表示圆管半径；L 为待分析的流场长度；Δp 为压力差；U_z 是 z 方向的流速。显然，对于稳定层流，推动力与剪切阻力相等，即

$$\pi r^2\Delta p=2\pi r\cdot L\cdot \tau_r \tag{4-1}$$

整理得：

$$\tau_{(r)}=\frac{r\Delta p}{2L} \tag{4-2}$$

在符合上述假定的情况下，剪切应力与半径呈线性关系，与流体的种类无关。当 $r=0$ 时，即在圆管正中间，$\tau_r=0$，流动阻力最小，流速最大；而在管壁处，即 $r=R$ 时，阻力最大，$\tau_r=\tau_w=R\Delta p/2L$，此处流速为零。

4.1.1.2　**流体在圆管中的速度分布**

已知幂率流体 $\tau=K\dot{\gamma}^n$（$\dot{\gamma}>0$），对于圆管中的流动：

$$\dot{\gamma}=-\frac{\mathrm{d}U_{(r)}}{\mathrm{d}r}>0,\ -\mathrm{d}U=\dot{\gamma}\,\mathrm{d}r \tag{4-3}$$

积分得：

$$\int_{U_{(r)}}^{U_{(R)}}-\mathrm{d}U=\int_r^R\dot{\gamma}\,\mathrm{d}r \tag{4-4}$$

则：

$$-U|_r^R=-U_{(R)}+U_{(r)}=U_{(r)}\quad［假定\ U_{(R)}=0］$$

即

$$U_r=\int_r^R\dot{\gamma}\,\mathrm{d}r \tag{4-5}$$

由于幂律流体的剪切速率 $\dot{\gamma}=\left(\frac{\tau}{K}\right)^{\frac{1}{n}}/K$，因此将 $\tau=r\Delta p/2L$ 代入得：

$$\dot{\gamma}=\left(\frac{r\Delta p}{2LK}\right)^{\frac{1}{n}} \tag{4-6}$$

代入上述积分式：

$$U_{(r)}=\int_r^R\left(\frac{r\Delta p}{2LK}\right)^{\frac{1}{n}}\mathrm{d}r=\left(\frac{\Delta p}{2LK}\right)^{\frac{1}{n}}\int_r^R r^{\frac{1}{n}}\mathrm{d}r=\left(\frac{\Delta p}{2LK}\right)^{\frac{1}{n}}\left.\frac{r^{\frac{1}{n}+1}}{\frac{1}{n}+1}\right|_r^R=\frac{n}{n+1}\left(\frac{\Delta p}{2LK}\right)^{\frac{1}{n}}\left(R^{\frac{1}{n}+1}-r^{\frac{1}{n}+1}\right) \tag{4-7}$$

这就是幂律流体在圆管中层流速度分布。我们不妨验证一下：

① 当 $r=R$ 时，$U_{(r)}=0$，与假设一致；

② 显然此时管中间流速最大：$U_{(r)_{\max}}=\frac{n}{n+1}\left(\frac{\Delta p}{2KL}\right)^{\frac{1}{n}}\left(R^{\frac{1}{n}+1}\right)$；

③ 对于牛顿流体，$n=1$，流速 $U_{(r)}$ 呈现二次抛物线分布。

图 4-2 则一目了然的给出了长圆管中压力流动的剪切应力和流速分布。

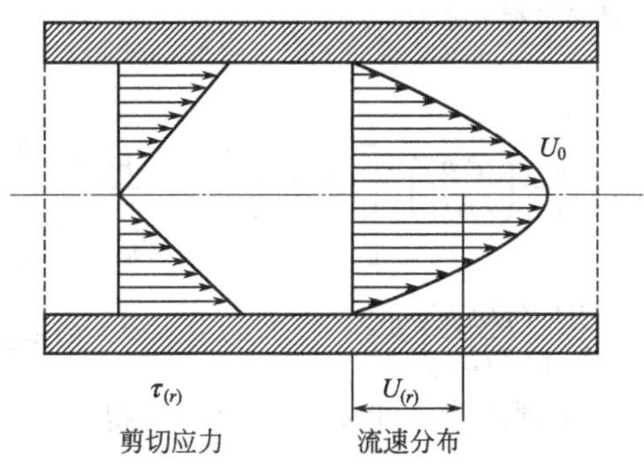

图 4-2　长圆管中压力流动的剪切应力和流速分布

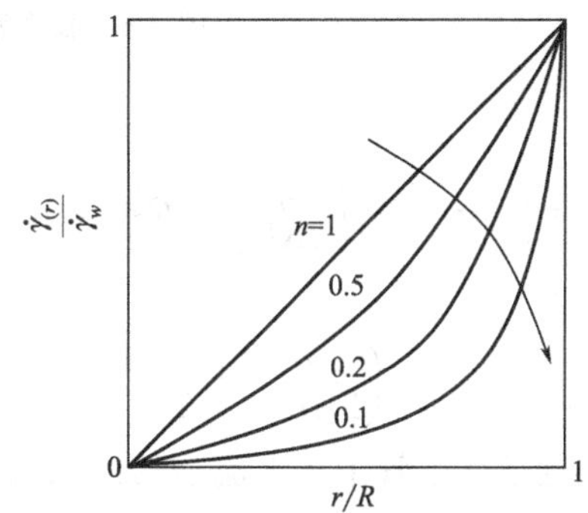

图 4-3 长圆管中压力流动时 $\dot{\gamma}_{(r)}/\dot{\gamma}_w$ 与 r/R 的关系

4.1.1.3　流体在圆管中剪切速率与半径的关系

将流速对半径求导：

$$\frac{\mathrm{d}U_{(r)}}{\mathrm{d}r}=-\frac{n}{n+1}\left(\frac{\Delta p}{2KL}\right)^{\frac{1}{n}}\frac{n+1}{n}r^{\frac{1}{n}} \tag{4-8}$$

则圆管中任意一点的剪切速率为：

$$\dot{\gamma}_{(r)}=\left(\frac{\Delta p}{2KL}\right)^{\frac{1}{n}}r^{\frac{1}{n}} \tag{4-9}$$

而管壁处的剪切速率为：

$$\dot{\gamma}_w=\left(\frac{\Delta p}{2KL}\right)^{\frac{1}{n}}R^{\frac{1}{n}} \tag{4-10}$$

那么：

$$\frac{\dot{\gamma}_{(r)}}{\dot{\gamma}_w}=\left(\frac{r}{R}\right)^{\frac{1}{n}} \tag{4-11}$$

将 $\dot{\gamma}_{(r)}/\dot{\gamma}_w$ 对 r/R 作图，结果如图 4-3 所示。显然，圆管的管壁处剪切速率最大，而中心线处剪切速率为零；此外，圆管中任意一点处的剪切速率呈现抛物线分布的形态。实际上图 4-3 描述的内容与图 4-2 是一样的。

4.1.1.4　流体在圆管中的体积流量方程

在圆管中取一环形微元，如图 4-4 所示，则半径为 r 处，环形面积为 $2\pi r\mathrm{d}r$。

则流量为：

$$\mathrm{d}Q=2\pi r\mathrm{d}rU_{(r)} \tag{4-12}$$

对上式积分：

$$\int_{Q_{(0)}}^{Q_{(R)}}\mathrm{d}Q=\int_0^R 2\pi rU_{(r)}\mathrm{d}r \tag{4-13}$$

展开得：

$$Q_{(R)} - Q_{(0)} = \int_0^R 2\pi r \frac{n}{n+1}\left(\frac{\Delta p}{2KL}\right)^{\frac{1}{n}} [R^{\frac{1}{n}+1} - r^{\frac{1}{n}+1}]\,\mathrm{d}r \tag{4-14}$$

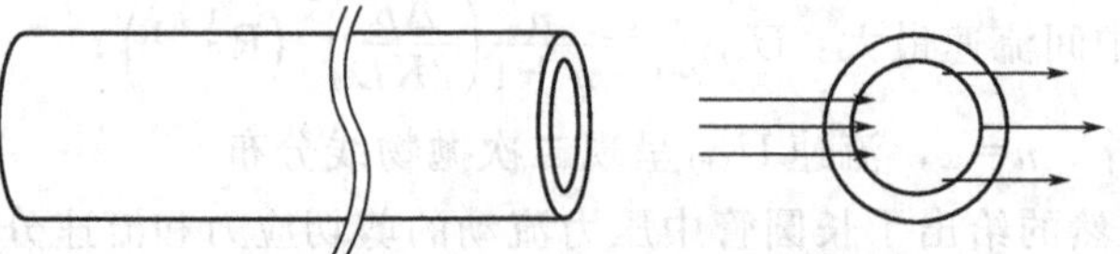

图 4-4　长圆管中压力流动的环形微元示意

则：

$$Q_{(R)} = \int_0^R 2\pi \frac{n}{n+1}\left(\frac{\Delta p}{2KL}\right)^{\frac{1}{n}} [R^{\frac{1}{n}+1} r - r^{\frac{1}{n}+2}]\,\mathrm{d}r = 2\pi \frac{n}{n+1}\left(\frac{\Delta p}{2KL}\right)^{\frac{1}{n}} \left[R^{\frac{1}{n}+1} \frac{r^2}{2}\Bigg|_0^R - \frac{r^{\frac{1}{n}+3}}{\frac{1}{n}+3}\Bigg|_0^R \right]$$

$$= 2\pi \frac{n}{n+1}\left(\frac{\Delta p}{2KL}\right)^{\frac{1}{n}} \left(\frac{1}{2} - \frac{n}{3n+1}\right) R^{\frac{1}{n}+3} = \frac{n\pi R^3}{3n+1}\left(\frac{R\Delta p}{2KL}\right)^{\frac{1}{n}} \tag{4-15}$$

这就是长圆管中压力流动的体积流量方程。对于牛顿流体，即 $n=1$，代入可得：

$$\Delta p = \frac{32\eta \bar{u} L}{D^2}$$

$$Q = \frac{\pi R^3}{3+1}\left(\frac{R\Delta p}{2KL}\right) \tag{4-16}$$

这就是著名的泊肃叶方程。根据体积流量方程，可以推导出圆管中某一半径处的流速与平均流速的关系：

$$\bar{u} = \frac{Q_{(R)}}{\pi R^2} = \frac{nR}{3n+1}\left(\frac{R\Delta p}{2KL}\right)^{\frac{1}{n}} = \left(\frac{\Delta p}{2KL}\right)^{\frac{1}{n}} \frac{n}{3n+1} R^{\frac{1}{n}+1} \tag{4-17}$$

由于：

$$U_{(r)} = \frac{n}{n+1}\left(\frac{\Delta p}{2KL}\right)^{\frac{1}{n}} [R^{\frac{1}{n}+1} - r^{\frac{1}{n}+1}] \tag{4-18}$$

则：

$$\frac{U_{(r)}}{\bar{u}} = \frac{3n+1}{n+1}\left[\frac{R^{\frac{1}{n}+1} - r^{\frac{1}{n}+1}}{R^{\frac{1}{n}+1}}\right] = \frac{3n+1}{n+1}\left[1 - \left(\frac{r}{R}\right)^{\frac{n+1}{n}}\right] \tag{4-19}$$

当 $n \to \infty$ 时，上式为一直线方程：

$$\frac{U_{(r)}}{\bar{u}} = \frac{3+\frac{1}{n}}{1+\frac{1}{n}}\left[1 - \left(\frac{r}{R}\right)^{1+\frac{1}{n}}\right] = 3\left[1 - \left(\frac{r}{R}\right)\right] \tag{4-20}$$

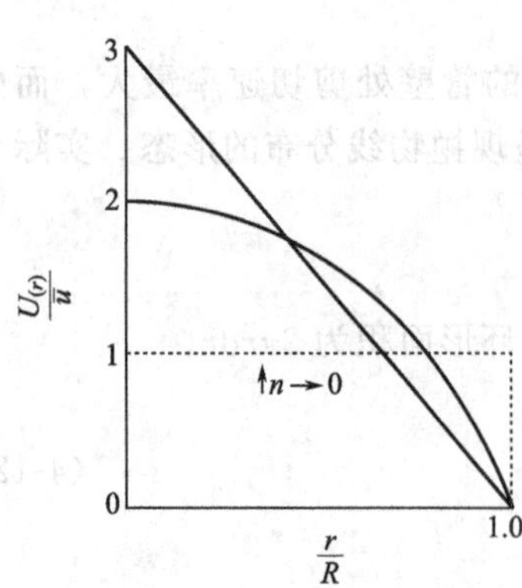

图 4-5　长圆管中压力流动时 $U_{(r)}/\bar{u}$ 与 r/R 的关系

而当 $n=1$ 时，流速与平均流速的关系可用抛物线方程来描述：

$$\frac{U_{(r)}}{\bar{u}} = 2\left[1 - \left(\frac{r}{R}\right)^2\right] \tag{4-21}$$

根据流速与平均流速的关系式，取不同的 n 值，以 $U_{(r)}/\bar{u}$ 对 r/R 作图（图 4-5），可以更清楚地看出圆管中某一半径处流速与平均流速的关系。

显然，对于幂律流体，$\frac{\bar{u}}{U_{\max}} = \frac{n+1}{3n+1}$；而对于 $n \to 0$ 的

极限情况，$\frac{\overline{u}}{U_{max}} \to 1$。

如果取不同的 n 值，以 $U_{(r)}/\overline{u}$ 对 r/R 作图可得如图4-6所示的流动速度分布曲线。对于牛顿液体（$n=1$），速度分布曲线为抛物线形；对于胀塑性流体（$n>1$），速度分布曲线形状变得尖锐，n 值越大，越接近于锥形；对于假塑性流体（$n<1$），分布曲线则较抛物线平坦。n 越小，管中心部分的速度分布越平坦，当 $n\to 0$ 时曲线形状类似于柱塞，故称这种流动为“塞流”（plug flow），也可称为“平推流”。

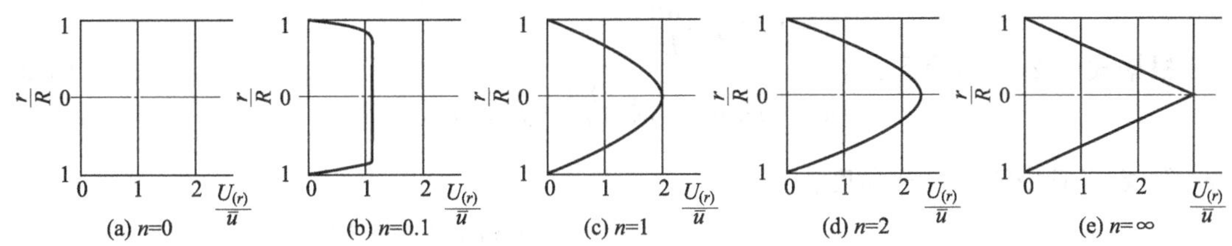

图 4-6　长圆管中压力流动时 $U_{(r)}/\overline{u}$ 与 r/R 的关系

我们可以把柱塞流动看成是由两种流动组成，如图 4-7 所示。r^* 范围内为柱塞流动，而在 $r>r^*$ 的区域内为剪切流动。这一区域中液体中的剪切应力 τ 大于流体流动的屈服应力 τ_y；而在柱塞流动区域中，$\tau_y<\tau$，因此这部分流体表现出类固态（solid-like）的流动行为，就像一个塞子一样在管中沿受力方向移动。

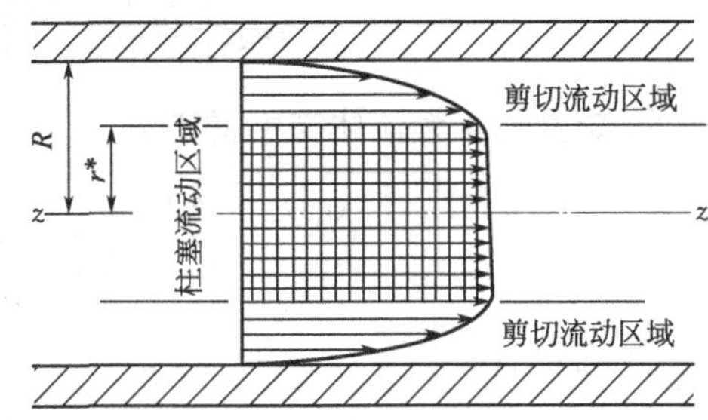

图 4-7　长圆管中柱塞流动速度分布

由于柱塞流动中流体受到的剪切很小，故高分子流体在流动过程中不易得到良好的混合，均匀性差，制品性能降低。这是不利于多相多组分的高分子体系（高分子的共混物或加有其他添加剂如增塑剂、增强剂、增韧组分的高分子体系）的加工的。而抛物线形流动不仅能使流体受到较大的剪切作用，而且在流体流经挤出机的口模或注塑机的喷嘴时，产生涡流，增大了扰动，因此提高了混合的均匀程度，这两种流动的差别如图 4-8 所示。

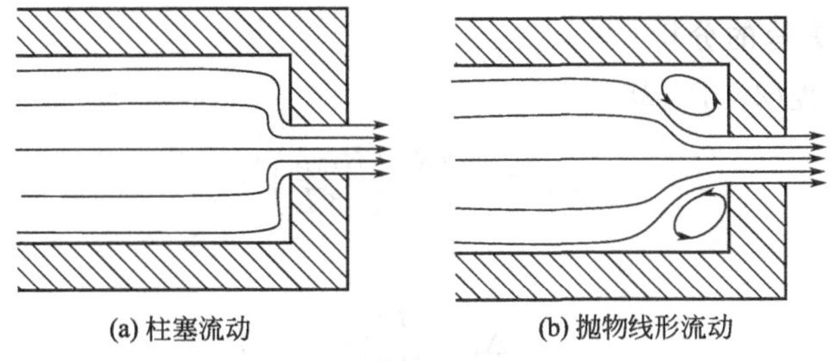

图 4-8　长圆管中柱塞流动与抛物线流动的比较

4.1.1.5　流体在圆管中的压强

① 定义流体管壁的表观黏度为：$\eta_{pw}=\frac{\tau_w}{\dot{\gamma}_w}$　(4-22)

② 定义流体管中流动特征：

已知流量为：$\pi R^2 \cdot \overline{u}=\frac{n\pi R^3}{3n+1}\left(\frac{\tau_w}{K}\right)^{\frac{1}{n}}$　(4-23)

将幂律方程代入上式得到：$\dot{\gamma}_w=\frac{8\bar{u}}{D}\left(\frac{3n+1}{4n}\right)$ (4-24)

$\frac{8\bar{u}}{D}$称为流动特征，也称表观剪切速率。实际上它是牛顿流体管壁处的剪切速率，所以上式也就是幂律流体在管壁处的剪切速率的修正方程。这是剪切速率的修正方程的特例。在后面的第 6 章里，我们将证明非牛顿流体剪切速率的修正方程的表述形式与式(4-24) 相同，但此时 n 值并不一定是幂律指数。

根据式(4-24) 可得到：
$$\begin{cases} n=1,\ \dot{\gamma}_w=\frac{8\bar{u}}{D} \\ n<1\ 或\ n>1\ 时，\frac{8\bar{u}}{D}=f(\dot{\gamma}_w) \end{cases} \tag{4-25}$$

③ 定义管中流动表观黏度：

$$\eta_p=\frac{\tau_w}{\frac{8\bar{u}}{D}(\dot{\gamma}_w)}=\frac{\tau_w}{\frac{8\bar{u}}{D}}=\frac{K\dot{\gamma}_w^n}{\frac{8\bar{u}}{D}}=\frac{K\left(\frac{8\bar{u}}{D}\right)^n\left(\frac{3n+1}{4n}\right)^n}{\frac{8\bar{u}}{D}}$$
$$=K\left(\frac{3n+1}{4n}\right)^n\left(\frac{8\bar{u}}{D}\right)^{n-1}=K'\left(\frac{8\bar{u}}{D}\right)^{n-1} \tag{4-26}$$

④ 定义非牛顿流体管中雷诺数：

$$N_{Re}=\frac{D\bar{u}\rho}{\eta_\rho}=\frac{D\bar{u}\rho}{K\left(\frac{3n+1}{4n}\right)^n\left(\frac{8\bar{u}}{D}\right)^{n-1}}=\frac{D\bar{u}\rho}{K'\left(\frac{8\bar{u}}{D}\right)^{n-1}} \tag{4-27}$$

⑤ 确定 Δp：

$$\Delta p=\frac{4L\tau_w}{D}=\frac{4L}{D}K\dot{\gamma}_w{}^n=\frac{4L}{D}K\left(\frac{8\bar{u}}{D}\right)^n\left(\frac{3n+1}{4n}\right)^n=\frac{4L}{D}K'\left(\frac{8\bar{u}}{D}\right)^n \tag{4-28}$$

定义：

$$\Delta p=4f\left(\frac{L}{D}\right)\left(\frac{\rho\bar{u}^2}{2}\right) \tag{4-29}$$

式中，f 为摩擦系数。这样便可利用工程手册中 f-N_{Re} 查图表，得到 f，从而求得 Δp。

4.1.1.6 体积流量方程的分析

已知体积流量方程(4-15) 为：

$$Q_{(R)}=\frac{n\pi R^3}{3n+1}\left(\frac{R\Delta p}{2KL}\right)^{\frac{1}{n}} \tag{4-15}$$

显然：

$$\Delta p\propto\frac{LQ^n}{R^{3n+1}} \tag{4-30}$$

假定 L、R 不变，那么 $\Delta p\propto Q^n$，即：

$$\Delta p_1\propto Q_1^n$$
$$\Delta p_2\propto Q_2^n$$

再假定 $Q_2=kQ_1$，其中 $k>1$，那么对于不同的流体：

① 牛顿流体　$n=1$，$\frac{\Delta p_2}{\Delta p_1}=\frac{Q_2}{Q_1}=\frac{kQ_1}{Q_1}=k$

② 假塑性流体 $n<1, \frac{\Delta p_2}{\Delta p_1}=\left(\frac{Q_2}{Q_1}\right)^n=\left(\frac{kQ_1}{Q_1}\right)^n=k^n$

③ 胀塑性流体 $n>1, \frac{\Delta p_2}{\Delta p_1}=\left(\frac{Q_2}{Q_1}\right)^n=\left(\frac{kQ_1}{Q_1}\right)^n=k^n$

不难发现，$k_{假}^n<k_{牛}^n<k_{胀}^n$。显然，在流场形状、尺寸和体积流量基本不变的情况下，增加高分子流体的假塑性可以节能、节电。这对于高分子流体的输运和加工有重要的应用价值。

4.1.2 宾汉流体在长圆管中压力流动

我们已经知道，某些高分子流体需要克服一定的屈服应力才能流动，即表现出宾汉塑性流动的行为。宾汉流体的定义已在前面的章节中学习过，我们把符合 $\tau-\tau_y=\eta_p\dot{\gamma}$ 方程的流体称为宾汉流体，式中 τ_y 为屈服应力；η_p 为塑性黏度。这一类高分子流体在圆形管道中的流动行为的分析方法与幂律流体是类似的。

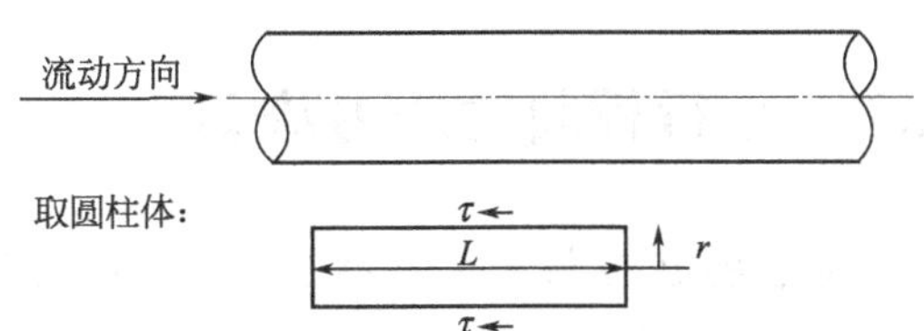

图 4-9 宾汉流体在长圆管中压力流动分析

如图 4-9 所示，取长 L、半径为 r 的流体柱，τ_r 为半径 r 处的剪切应力，Δp 为两端压力差。同样做出以下假设：①流体不可压缩，即 $C\neq\rho$ 等常数；②流动是充分发展的稳定层流；③不考虑末端效应；④壁处无滑移，即 $U_{(R)}=0$；⑤忽略重力作用；⑥在圆管中流动是对称的；⑦等温，忽略黏性耗散；⑧与流动垂直的方向上无压力分布。

4.1.2.1 宾汉流体在圆管中的流速分布

当层流处于稳态时，推动力与剪切应力相等，即：

$$\pi r^2\Delta p=2\pi r\cdot L\cdot\tau_r \tag{4-31}$$

则：

$$\tau_r=\frac{r\Delta p}{2L}，其中 \begin{cases}0\leqslant\tau<\tau_y, & r\leqslant r_0\\ \tau>\tau_y, & r>r_0\end{cases} \tag{4-32}$$

（1）当 $r>r_0$ 时，$\dot{\gamma}>0$；

$$\dot{\gamma}=-\frac{\mathrm{d}U}{\mathrm{d}r}，且 \dot{\gamma}=\frac{\tau-\tau_y}{\eta_p}\mathrm{d}r \tag{4-33}$$

那么：

$$\int_{U_{(r)}}^{U_{(R)}}-\mathrm{d}U_{(r)}=\int_r^R\dot{\gamma}\mathrm{d}r \tag{4-34}$$

即：

$$-U_{(R)}+U_{(r)}=\int_r^R\frac{\tau-\tau_y}{\eta_p}\mathrm{d}r=\frac{1}{\eta_p}\left[\frac{\Delta p}{2L}\times\frac{r^2}{2}\bigg|_r^R-\tau_y r\bigg|_r^R\right]$$

$$=\frac{1}{\eta_p}\left[\frac{\Delta p(R^2-r^2)}{4L}-\tau_y(R-r)\right] \tag{4-35}$$

（2）当 $r\leqslant r_0$ 时，

$$U=\frac{1}{\eta_p}\left[\frac{(R^2-r_0{}^2)\Delta p}{4L}-\tau_y(R-r_0)\right] \tag{4-36}$$

4.1.2.2 宾汉流体在圆管中的流量方程

显然，当 $\tau_w<\tau_y$ 时，$Q=0$；而当 $\tau_w>\tau_y$ 时：

$$\int_{Q_{(0)}}^{Q_{(R)}} \mathrm{d}Q = \int_0^{r_0} 2\pi r U_{(r_0)}\,\mathrm{d}r + \int_{r_0}^{R} 2\pi r U_{(r)}\,\mathrm{d}r \tag{4-37}$$

积分换元得：

$$Q_{(R)} = \frac{\pi R^4 \Delta p}{8L\eta_p}\left[1-\frac{4}{3}\left(\frac{2L\tau_y}{R\Delta p}\right)+\frac{1}{3}\left(\frac{2L\tau_y}{R\Delta p}\right)^4\right] \tag{4-38}$$

将 $Q_{(R)}=\pi R^2\cdot\overline{u}$，$\dfrac{\Delta pR}{2L}=\tau_w$代入上式：

$$\frac{8\overline{u}}{D}=\frac{\tau_w}{\eta_p}\left[1-\frac{4}{3}\left(\frac{\tau_y}{\tau_w}\right)+\frac{1}{3}\left(\frac{\tau_y}{\tau_w}\right)^4\right] \tag{4-39}$$

这就是宾汉流体在圆管中的流量方程。而宾汉流体在圆管中流动的压差可由宾汉雷诺维数、阻力系数、屈服维数等流动特征计算获得，这里不再详述。

4.2 平行板间的压力流动

聚合物在板材、片材挤出口模中的流动就属于这类流动。设两平行板无穷大，即 $B\ll W$，$B\ll L$，如图 4-10 所示。进行流动分析时的假设与圆管间的压力流动相同。

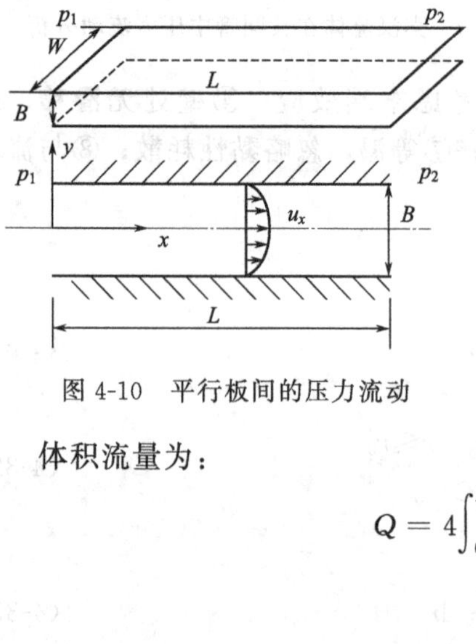

显然，速度 $\overline{u}=[u_x(y),0,0]$，边界条件为：

$$u_x\big|_{y=\frac{B}{2}}=0,\quad \frac{\mathrm{d}u_x}{\mathrm{d}y}\bigg|_{y=0}=0$$

图 4-10 平行板间的压力流动

对于牛顿流体：

$$u_x=\frac{\Delta pB^2}{8\eta L}\left[1-\left(\frac{2y}{B}\right)^2\right] \tag{4-40}$$

$$u_{x,\max}=\frac{\Delta pB^2}{2\eta L} \tag{4-41}$$

体积流量为：

$$Q = 4\int_0^{\frac{B}{2}}\int_0^{\frac{W}{2}} u_x\,\mathrm{d}z\mathrm{d}y = 2W\int_0^{B} u_x\,\mathrm{d}y$$

$$Q=\frac{\Delta pB^3W}{12\eta L} \tag{4-42}$$

平均速度
$$\overline{u}_x=\frac{Q}{WB}=\frac{B^2\Delta p}{12\eta L}=\frac{2}{3}u_{x,\max} \tag{4-43}$$

剪切速率
$$\dot{\gamma}=\frac{\mathrm{d}u_x}{\mathrm{d}y}=-\frac{\Delta p}{\eta L}y \tag{4-44}$$

$$\dot{\gamma}\big|_{\frac{B}{2}}=-\frac{\Delta pB}{2\eta L} \tag{4-45}$$

剪切应力
$$\tau_{xy}=\eta\frac{\mathrm{d}u_x}{\mathrm{d}y}=-\frac{\Delta p}{L}y \tag{4-46}$$

$$\tau_{xy}\big|_{\frac{B}{2}}=-\frac{\Delta pB}{2L} \tag{4-47}$$

对于符合幂律定律的高分子流体：

$$u_x=\frac{nB}{2(1+n)}\left(\frac{B\Delta p}{2kL}\right)^{\frac{1}{n}}\left(1-\left|\frac{2y}{B}\right|^{1+\frac{1}{n}}\right) \tag{4-48}$$

式中：

$$\frac{\partial u_x}{\partial y}=\frac{nB}{2(1+n)}\left(\frac{B\Delta p}{2kL}\right)^{\frac{1}{n}}\frac{1}{n}\left(\frac{2y}{B}\right)^{\frac{1}{n}}\frac{2}{B}=\frac{1}{n+1}\left(\frac{\Delta py}{kL}\right)^{\frac{1}{n}} \tag{4-49}$$

单位宽度流量为：

$$\frac{Q}{W}=\frac{nB^2}{2(1+2n)}\left(\frac{B\Delta p}{2kL}\right)^{\frac{1}{n}} \tag{4-50}$$

4.3　平行板间的拖曳流动

这种流动产生于两块无限大平行平板之间，其中一块平板相对于另一块作拖曳平行运动，层流时，运动方程简化为：

$$\frac{\mathrm{d}}{\mathrm{d}y}\tau_{xy}=0 \tag{4-51}$$

图 4-11 给出了一个供分析用的示意图。

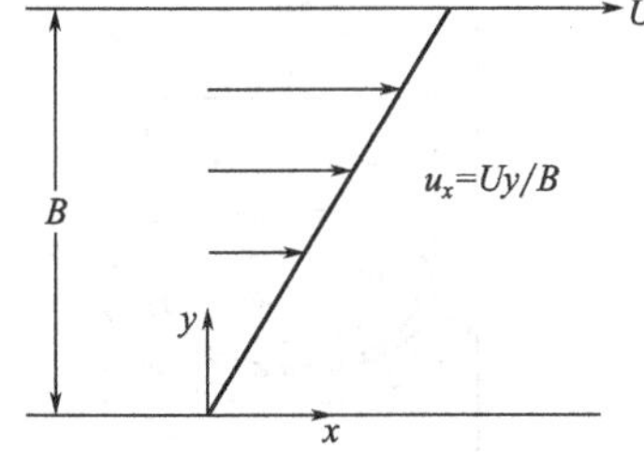

图 4-11　平行板之间的拖曳流动

剪切应力为常数是这个方程的解。假定在稳态时剪切应力只是剪切速率的函数，也可以推论出剪切速率必须为常数。如果假设流动场为 $u=[u_x(y),0,0]$，就可得出：

$$\frac{\mathrm{d}u_x}{\mathrm{d}y}=\text{常数} \tag{4-52}$$

这个方程满足边界条件 $y=0$ 时 $u_x=0$，$y=B$ 时 $u_x=U$ 的解为：

$$u_x=\frac{Uy}{B} \tag{4-53}$$

在 z 方向上每单位宽度 W 的体积流量可以写成：

$$\frac{Q}{UBW}=\frac{1}{2} \tag{4-54}$$

方程(4-54) 对于牛顿流体和非牛顿流体都成立。

4.4　环形圆管中的压力流动

在这种情况下，流体处于两个长度为 L、半径为 R_i 和 R_0 的同心圆筒之间，我们假设圆筒是静止的，速度矢量为：

$$\boldsymbol{u}=[0,0,u_z(r)] \tag{4-55}$$

于是 $u_r=u_\theta=0$。运动方程和圆形截面导管的情况是一样的。

在 $r=R_i$ 和 R_0 时，$u_z=0$ 的边界条件下，可得速度方程如下：

$$u_z=\frac{\Delta pR_0^2}{4\mu L}\left[1-\left(\frac{r}{R_0}\right)^2+\frac{1-\kappa^2}{\ln(1/\kappa)}\ln\frac{r}{R_0}\right] \tag{4-56}$$

式中，$\kappa=R_i/R_0<1$。

体积流量为：

$$Q=\frac{\pi\Delta pR_0^4}{8\mu L}\left[1-\kappa^4-\frac{(1-\kappa^2)^2}{\ln(1/\kappa)}\right] \tag{4-57}$$

4.5 环形圆管中的拖曳流动

这种流动发生在两个同轴圆筒间，如图 4-12 所示。这种情况下，外圆筒和内圆筒之间环形部分内的流体中的任一质点仅围绕着内外管的轴以角速度 ω 做圆周运动，采用圆柱坐标（r,θ,z）进行流动分析较为方便。z 轴为内外管的轴向。显然，流体没有沿 z 或 r 方向的流动，ω 仅与 r 有关而与 θ 及 z 无关。由于只存在绕轴的圆周运动，所以 $\tau_{rz}=\tau_{\theta z}=0$，剪切应力 $\tau_{r\theta}=\tau_{\theta r}$，则剪切速率为：

$$\dot{\gamma}=\frac{\mathrm{d}v}{\mathrm{d}r}=\frac{r\mathrm{d}\omega}{\mathrm{d}r} \tag{4-58}$$

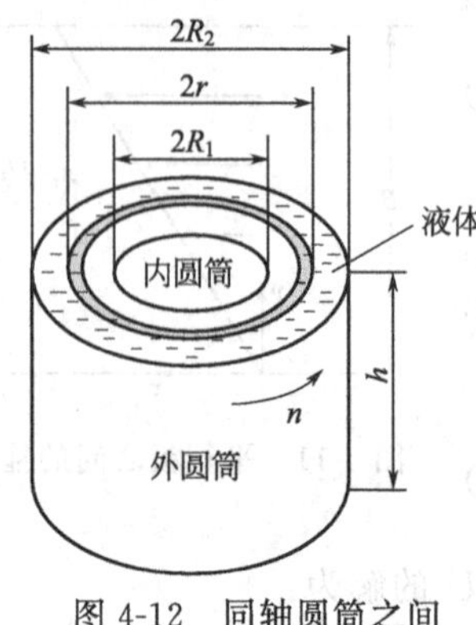

图 4-12　同轴圆筒之间的扭转流动

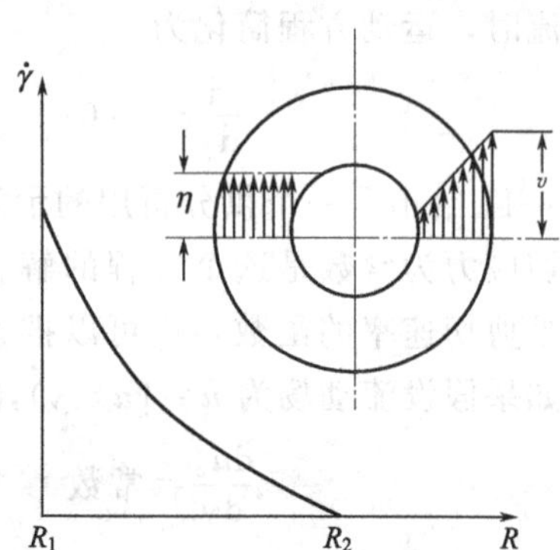

图 4-13　同轴圆筒流动中角速度和剪切速率的分布情况

要保持这一流动，对离轴 r 的流体层必须施加扭矩 $M(r)$：

$$M(r)=\tau_{\theta r}2\pi r^2 h \tag{4-59}$$

式中，h 为内外圆筒的高度。设内圆筒固定，外圆筒以角速度 Ω 旋转，对于牛顿流体：

$$\omega(r)=\Omega\frac{r^2-R_1^2}{R_2^2-R_1^2}\times\frac{R_2^2}{r^2} \tag{4-60}$$

$$\dot{\gamma}(r)=\frac{r\mathrm{d}\omega(r)}{\mathrm{d}r}=2\Omega\frac{R_1^2R_2^2}{r^2(R_2^2-R_1^2)} \tag{4-61}$$

将 $\tau_{r\theta}=\eta\dot{\gamma}(r)=\dfrac{M}{2\pi r^2 h}$ 代入得：

$$\eta=\frac{M(R_2^2-R_1^2)}{4\pi hR_1^2R_2^2\Omega} \tag{4-62}$$

上式即为用同轴圆筒流动测量黏度的基本关系式。图 4-13 为同轴圆筒流动中角速度和剪切速率的分布情况。显然，当角速度从内圆管壁处的 0 增至外圆筒壁处的 Ω，$\dot{\gamma}(r)$ 逐渐减小，$\dot{\gamma}(R_1)>\dot{\gamma}(R_2)$。

第5章 高分子流体流动的影响因素

高分子流体是一个泛意上的概念，可以是高分子的均相熔体、多相体系熔体、复合体系熔体，乳液，悬浮液，高分子浓溶液、稀溶液等。其流动行为常常取决于下面多种因素：分子量的大小和分子量的分布，分子的结构、形状和分子之间的相互作用，相间的相互作用，温度和流场的形状，物理缠结和化学交联等。由于高分子链的长径比非常大，链的形状的高度不对称，我们很难得到分子级的高分子流体，在流动过程中，“流动单元”不完全是单个分子，往往是尺寸大于单个聚集分子的超分子聚集体。但是，在流动过程中，由于分子之间的相互作用，超分子聚集体的尺寸实际也是在变化的。所以“流动单元”是一个很不确定的概念。在高浓度溶液和分散体系中此种现象就更加明显。

凡是影响高分子流层之间内摩擦的因素，都会影响高分子流体的流动。显然，影响高分子流体流动的诸多因素，对于高分子流体流动最直观的影响，就在于体系的黏度对这些因素具有不同程度的依赖性。这里所谓的黏度，实际上指的是剪切黏度，即一点处的剪切应力与该处的剪切速率比值。广泛意义上的黏度定义是应力除以该处的形变速率，例如拉伸黏度等于拉伸应力除以该处的拉伸形变速率，本体黏度等于压缩应力除以该处的压缩形变速率。不加特别说明的黏度一般指的是剪切黏度。对于应用来说，黏度是最重要的流变参数。

接下来我们重点讨论剪切速率、分子特性、压力、温度等诸多因素对高分子流体黏度的影响。

5.1 剪切速率对黏度的影响

当分子链处于具有应力变化的速度梯度的流场中，整个长链分子不会都处于同一速度区，某一端可处在速度较快的中心区，另一端则处于接近管壁的速度较慢区，此时两端会产生相对移动，结果会使分子发生伸直和取向。流动速度梯度（剪切速率）越大，这种取向就越明显。在速度梯度很低的情况下，因分子布朗运动的影响，这种分子定向很快消失（即松弛）；而在很高的速度梯度下，由于分子进一步取向，则布朗运动的影响可以忽略；进一步提高速度梯度，取向度不会再提高。高分子流体流动的这种特点，反映在其黏度-剪切速率的流动曲线上就具有牛顿-非牛顿-牛顿流体的行为，如第3章图3-6所示。

5.2 分子量对黏度的影响

5.2.1 黏度的分子量依赖性

分子量是影响高分子流变性质的最重要的结构因素。因为在流动过程中，随着高分子的分子量的增加，分子链便会开始缠结，不能独立运动。此时的流动单元是链段而不是整个分子链。然而，这些链段必须同它们周围的其他链段协同运动。“其他链段”可以是同一分子链的一部分，也可以是与之缠结的另一个分子链的一部分。一旦链长得足以产生缠结，流动就变得困难得多了，导致能量的耗散显著增加。一般把高分子出现缠结所需的最低分子量定义为临界（缠结）分子量（M_c）。高分子的黏度与分子量的关系可用如下经验式表示：

$$\eta = KM^{\alpha}\begin{cases}\alpha=1, & M<M_c \\ \alpha=3.4, & M>M_c\end{cases} \tag{5-1}$$

这是福克斯等在比切（Bueche）的实验基础上首先提出来的。其中常数 K 与温度有关，其关系类似于黏度对温度的依赖性（见 5.6 节）。此外，K 还与分子结构有关。比如柔性聚二甲基硅氧烷的 K 值较小，而缩聚度高的刚性芳环聚合物的 K 值则较大。式(5-1) 中的分子量 M 为重均分子量 $\overline{M}_w$。对高分子流体，只有在低剪切速率区，即只有零剪切黏度 η_0 才符合式(5-1)。

在福克斯等人的工作基础上，克罗斯通在以 $\lg\eta$ 对 $\lg\overline{M}_w$ 作图时，进一步发现实验从未出现斜率从 1.0 突变到 3.4 的情况，恰恰相反，斜率是逐渐过渡的，如图 5-1 所示。显然，所谓的 M_c 并非一个真正意义上的临界分子量，只不过在此分子量时，缠结和非缠结分子链对黏度的贡献相当。在实际应用中，我们仍然可以简单地认为 M_c 为临界缠结分子量。

大多数高分子的 M_c 约在 10000～40000 之间，如表 5-1 所示。

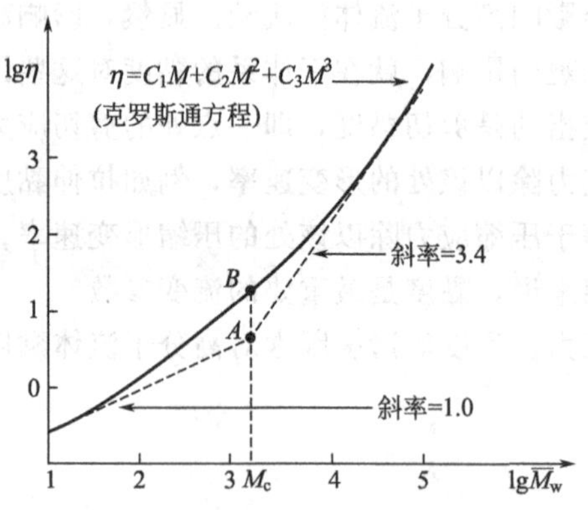

图 5-1 黏度对分子量的双对数坐标图

表 5-1 常见高分子的临界缠结分子量 M_c

高分子	临界缠结分子量 M_c
线形聚乙烯	4000
聚异丁烯	17000
聚乙酸乙烯酯	29200
聚苯乙烯	38000
聚二甲基硅氧烷	35200
聚甲基丙烯酸甲酯	10400
聚己内酰胺(线形)	19200
聚己内酰胺(支化)	22000～31000

图 5-2 概括说明了高分子黏度的分子量依赖性。实线表示零剪切黏度 η_0 对分子量的依赖性。在剪切应力较高时，η-$\overline{M}_w$ 的关系有图 5-2(a) 和 (b) 所示的两种情况，图中的箭头表示剪切应力增加时 η-$\overline{M}_w$ 曲线的移动方向。图 5-2(a) 中直线斜率随应力 τ 的增加逐渐下降。η-$\overline{M}_w$ 从零剪切速率时的 3.4 次方关系，逐渐降为很高剪切应力时近似的线性关系。如果剪

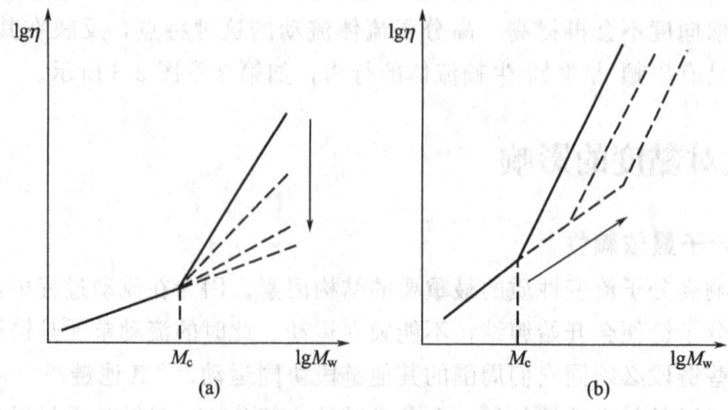

图 5-2 熔体黏度随高分子分子量变化的两种方式

实线表示 η_0，虚线对应于较高的剪切应力，箭头指出剪切应力增加的方向

切引起的大分子链解缠的速度大于新缠结生成的速度，则高分子内的缠结数将随剪切速率$\dot{\gamma}$的增加而减少。此时的η-$\overline{M}_w$关系是图 5-2(a) 所示的类型。如果M_c随$\dot{\gamma}$或τ的增加而增加，则可得到图 5-2(b) 所示的类型。在这种情况下，当分子量大于M_c时，直线的斜率仍保持为 3.4，但M_c将随剪切速率而变化。

分子量不同的单分散聚苯乙烯，其黏度对剪切速率的典型曲线如图 5-3 所示。由于低分子量高分子的缠结少于高分子量高分子，因此分子量较低的高分子要在较高的剪切速率下才开始偏离牛顿性。但如果在剪切应力相同的条件下比较不同分子量级分的聚苯乙烯黏度，则可得图 5-2 中 (a) 类所示的直线。如果这种比较是在相同的剪切速率而不是相同剪切应力下进行的，则图中的直线将变成曲线。当分子量很高时，黏度趋于某一渐近值。在剪切速率非常高的极端情况下，分子量大于M_c的聚合物，其黏度几乎与$\overline{M}_w$无关。

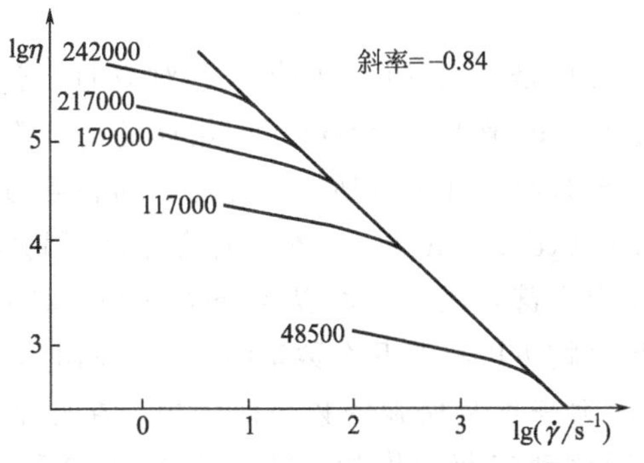

图 5-3　分子量不同的单分散的聚苯乙烯的黏度对剪切速率的依赖性

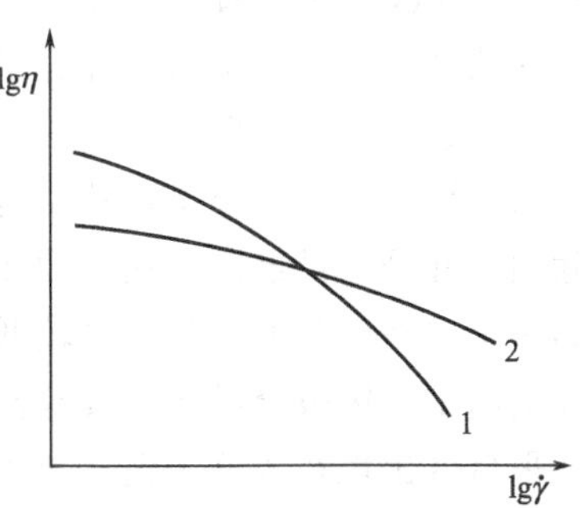

图 5-4　相同分子量、不同分子量分布的高分子的黏度对剪切速率的依赖性

1—分布宽；2—分布窄

5.2.2　黏度的分子量分布依赖性

高分子的分子量分布也影响其流体的流变性质。分子量相同但分子量分布不同的高分子流体的黏度随剪切速率变化的幅度是不相同的。图 5-4 为分子量相同、两种分子量分布不同的高分子熔体黏度对剪切速率的依赖关系。由图可见，当剪切速率较低时，分子量分布宽的物料黏度较分子量分布窄的高；但当剪切速率较高时则恰好相反。对于分子量分布宽的高分子而言，因为其分子量很大的部分占的比例较多，剪切速率增大时长链分子对于剪切敏感，形变较大，故对黏度下降贡献较多。而分子量分布窄、较均一的体系则黏度变化小。

在较高剪切速率下，分子量分布宽的高分子流体对剪切速率变化较敏感，黏度降低较多，这一点在实际生产中具有重要的意义。例如，一般模塑加工中的剪切速率都比较高，在此条件下，单级分或分子量分布很窄的聚合物，其黏度比一般分布或分子量分布宽的同种聚合物高。因此，分子量分布宽的聚合物比分子量分布窄的聚合物更容易挤出或注射成型。采用两辊开炼机对生胶进行塑炼的目的也在于此。此外，从图 5-4 中不难看出，分子量分布也影响聚合物开始出现非牛顿流动时的剪切速率值。在零剪切黏度相同的条件下，分子量分布较宽的聚合物会在较低的剪切速率下开始出现非牛顿流动。

因为高分子的分子量分布影响其流体的流变性质，所以通过测量高分子的流变性质也可以获得分子量分布的信息。分子量分布可以通过分级、光散射或渗透压等绝对法进行测定，但这些方法比较费时，操作也比较麻烦。而凝胶渗透色谱、超离心法和特性黏度法等属于相对方法，测定时需要用绝对法来校准。以上这些方法都是在溶液中进行测定的。

用高分子熔体直接测定分子量分布的实验比较复杂，其理论基础尚未得到充分证明。洛卡蒂（Locati）等提出了一种简单的相对法，这种方法建立在两个参数（重均分子量$\overline{M}_w$和“多分散性指数”Q）的基础上。对于分子量分布为正态的聚合物，其零剪切黏度η_0可表示为：

$$\lg\eta_0 = \lg k + \alpha \lg\overline{M}_w + \beta \lg Q \tag{5-2}$$

式中的零剪切黏度是在熔体中测得的，而$\lg k$、α和β的具体值通常可由实验得到，它们与体系溶液状态下的特性黏度有关，可以根据一系列已知$\overline{M}_w$和Q值的样品，通过多重回归分析法确定。显然，该方法需要两种流变性质的测定，一是在熔体中测定，另一是在溶液中测定，仅限于分子量分布已知为正态分布的聚合物。但不管怎样，这种方法使人们能够测定分子量分布为对数正态的聚合物（如线形聚乙烯）的$\overline{M}_w$和Q值，且能得到较高的精度。

5.2.3 动态流变性质的分子量依赖性

在第3章中已经指出，高分子流体的动态流变性质是其黏弹行为的体现，对应的动态流变物理量也已定义。图5-5和图5-6给出了分子量不同的聚甲基丙烯酸甲酯熔体的动态流变性质与频率的关系，分子量从左至右、从上至下逐渐减小，如箭头所示。显然，动态剪切模量随频率和分子量迅速增加，约在$10^6 \sim 10^7$ dyn/cm^2（1dyn/cm^2 = 0.1Pa）时变化逐渐趋缓，达到一个“平台”值。分子量较低的分子间的缠结很少甚至没有，所以在$\lg G'$或$\lg G''$对$\lg\omega$曲线上的平台区很窄或几乎没有，而高分子量的聚合物可以有跨几个数量级频率范围的平台区。平台区出现在大分子链的缠结来不及滑脱、应力来不及松弛的频率范围内，在此范围内，由于缠结点之间的有效分子量已成为常数，所以动态剪切模量（G'和G''）的“平台”区的数值基本上与分子量无关。毋庸置疑，不能松弛掉的缠结犹如交联，因此根据橡胶弹性动力学理论，平台区模量G_N^0为：

$$G_N^0 \approx \frac{\rho RT}{M_c} \tag{5-3}$$

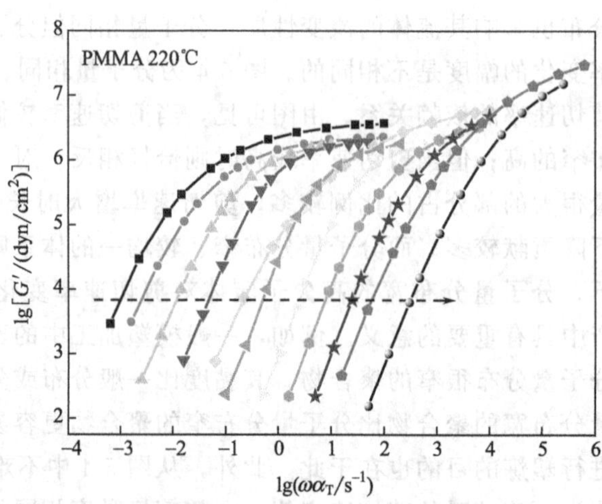

图5-5 分子量不同的聚甲基丙烯酸甲酯熔体的动态弹性模量与频率的关系

这样便可通过平台区模量G_N^0的测量来获得M_c。然而，用上式计算得到的缠结点之间的分子量约为用$\lg\eta_0$对$\lg\overline{M}_w$作图所得数值的一半。引起这种差别的原因可能是开始产生缠结的最低分子量必须约为长链缠结点之间的分子量的两倍。因为当一个短链和另一个分子链发生缠结的时候，在缠结点的每侧大约分布着短链总长度的一半。

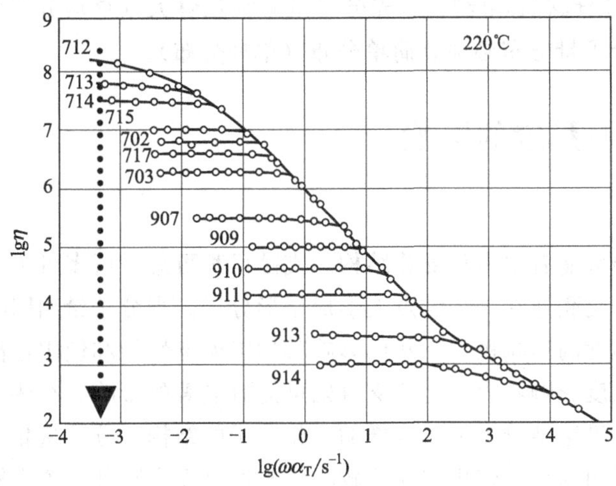

图 5-6　分子量不同的聚甲基丙烯酸甲酯熔体的动态黏度与频率的关系

不难看出，当频率一定时，所有动态流变性质（模量和黏度）在数值上都随分子量的增加而增加。当动态剪切模量约增至 10^5 dyn/cm^2 时，反映在动态黏度 η' 上的非牛顿流动便开始出现，且随分子量的增加，牛顿平台逐渐缩短甚至消失（见图 5-5、图 5-6）。此外，在 G' 趋于"平台"的频率范围内，所有的黏度曲线都收敛为一条曲线。这是由于频率大于 10^4 rad/s 时，高分子开始进入玻璃化转变区。在如此高的频率下，高分子流体不再具有流体的性质，而开始表现出玻璃的特征。也就是说，在小于 10^{-4} s 的时间间隔内，高分子流体中许多类型的分子运动已不能够再进行。

高分子流体的动态流变性质除了具有分子量的依赖性外，同样还强烈依赖于分子量分布。图 5-7 为一系列分子量相同但分布不同的聚乙烯熔体的动态流变行为。纵坐标为相位角 δ，横坐标则为复数模量 $|G^*|$ 和平台模量 G_N^0 的比值，可以看出，尽管分子量分布并不改变曲线形状，但分子量分布越大，相位角在其最小值左侧以更为缓和的速度趋向于平台，而且在更小的复数模量下达到平台。这也说明分子量分布越宽，高分子量的部分对高分子流体的流动行为的贡献越发显著。同样，我们可以采用在某个中间区域的相角所对应的复数模量来关联分子量分布，从而建立动态流变响应与分子量分布间的定量关系，这里不再展开铺述。

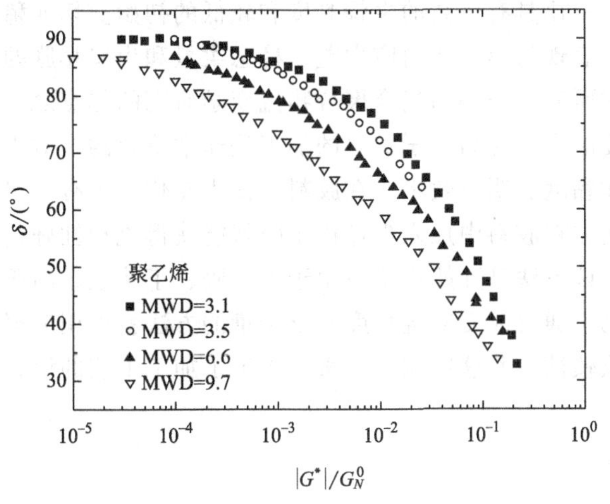

图 5-7　分子量相同但分布不同的聚乙烯熔体的动态流变行为

不过，这种方法的应用也有其限制：首先分子量必须足够大（重均分子量 $\overline{M}_w$ 必须大于缠结分子量 M_c）；其次分子量分布必须是简单分布（单峰分布）。

5.3 分子形状对黏度的影响

5.3.1 支化

高分子分子链中可能有很多种支化结构，支链可长可短，可多可少，支链既可沿主链无规排列，也可由几个交联连在一个结点上形成星形分子。当分子量相同时，高分子链中支链的长短和含量对其黏度的影响极大，从而影响其加工流变性能和使用性能。一般来说，短支链对高分子熔体的黏度影响不大，而长支链则可能有显著的影响。有些支链虽然比较长，但它的分子量仍小于临界缠结分子量，这样的支化分子的结构比分子量相同的线形分子就更为紧凑，因此它们分子间的相互作用往往比较小，黏度反而会降低。若支链很长以至于本身就能产生缠结，那么这样的支化高分子在低剪切速率下的黏度往往要比分子量相同的线形高分子高。

例如高压聚乙烯（LDPE）一般有一定程度的支链。当支链短时，黏度比直链分子低；支链长度逐渐变长则黏度随之上升；当支链增长到一定值后，黏度急剧上升，比直链分子大若干倍。在分子量相同的条件下，支链越多、越短，流动时的空间位阻越小，黏度就越低。

也有研究表明，某些支化高分子支链很长且足以产生缠结，但在低剪切速率下的黏度却比分子量相同的线形高分子要低。可能的原因有两点：一是由于支化分子结构较为紧凑，因而产生缠结的分子量 M_c 比线形分子高得多；二则可能是因为支化聚合物的黏度比线形聚合物更易受剪切速率的影响，即使较小的剪切速率对于支化聚合物来说也显得太高，以致得不到零剪切黏度。

但在高剪切速率下，不管是长支链还是短支链，支化高分子的黏度几乎都比分子量相同的线形高分子低。虽然增加支化数往往能使黏度降低，但支链的分子量似乎比支化数起的作用更大。长支链往往会增加高分子熔体的流动活化能，但却会使高分子的弹性剪切模量 G' 降低，这与支链长得足以形成牢固的缠结，应使剪切模量增加的概念恰好相反，其原因尚不清楚。总的说来，长支链高分子的零剪切黏度与分子量的关系明显偏离 3.4 次方关系，与相同分子量的线形高分子相比具有较高的牛顿黏度和较低的初始剪切变稀的剪切速率，且容易导致熔体弹性的增强，表现为第一法向应力差、稳态柔量和出口膨胀的增大。但这些结论并不具有普适性，相关的研究工作仍为当今聚合物流变学研究的热点之一。

支化或交联对黏度的影响对高分子材料的加工是非常重要的。对于橡胶加工来说，由于短支链分子对降低熔体黏度有明显效果，在胶料中掺入支化或具有一定交联度的橡胶就可以大大改善加工性能。例如在胶料中加入少量再生胶就能获得流动性好、容易压出、产品尺寸稳定的效果。近年来，该方法已开始广泛应用于丁苯胶、丁腈胶、高压聚乙烯、聚醋酸乙烯酯等高聚物。由此可见，通过改变支链长度和分子量的方法就可调节聚合物的黏度、弹性以及黏度和弹性的剪切依赖性。而这些流变因素又决定了加工工艺的设定以及最终制品的力学性能。

5.3.2 其他结构因素

高分子除支链对黏度的影响外，其他一些分子结构因素对流变过程也会有很大的影响。

例如工业上的聚丙烯不含极性基团，分子量较大，分子链之间容易缠结，所以零剪切黏度较大，但随着剪切速率增加，其黏度会较快地下降。与之相比，尼龙、聚酯等高聚物由于其分子链中具有大量的极性基团和较大的侧基，其黏度对剪切速率的敏感性较小。

一般认为，对于分子量相当的高分子，柔性链的黏度比刚性链的低。聚有机硅氧烷和含醚键的高分子的黏度就特别低，而刚性很强的聚酰亚胺和其他芳环缩聚物的黏度都很高，加工也很困难。凡是能使玻璃化温度增高的因素往往也可使黏度增加。这些因素中除了分子链的柔顺性以外，还有分子的极性、氢键和离子键等。有些极性聚合物，例如聚氯乙烯和聚丙烯腈等，分子间的作用力很强，甚至在外观熔融状态时都可能有少量结晶，因而这些高分子的黏度和弹性模量都相当高。氢键则能在一定程度上增加尼龙、聚乙烯醇和聚丙烯酸等聚合物的黏度。离子键更是能使聚电解质的黏度极大增加，这是因为离子键能把分子链连接在一起，其连接作用甚至要强于交联作用。

5.4　黏度的时间依赖性

前面已经说过，在剪切作用下，当一种流体的物理形态和结构是渐变的而不是突变时，它的流变性质往往与时间有关，其变化的速率可用实验方法检测。从基础理论观点来看，一切过程都依赖于时间，而那些突变过程，则往往具有高的速率常数，从而用现有技术来观察和测定这些变化就显得不够灵敏。已经知道，牛顿流体的黏度是一个常量，不依赖于时间。而对于非牛顿性的高分子熔体和浓溶液，如果以均匀的方式流动，则同样可以认为黏度与时间无关。也就是说，尽管会呈现剪切变稀或剪切增稠的流动行为，但在定剪切速率或剪切应力下，通常的高分子流体其结构变化与松弛可以近似认为是瞬时完成的，其表观黏度同样不具有时间的依赖性，即$\partial\eta/\partial t=0$。

对于高分子假塑性或胀塑性流体，如果流动变得不均匀，那么其黏度则会表现出时间依赖性，这也就是第 3 章所讲的触变性（thixotropic）流体和震凝性（rheopectic）流体所显现的流变特性，而这些流动的不均匀性、黏度的改变与流体的内部结构的物理形态和化学结构的改变有关。由于触变性流体和震凝性流体多数均为多相体系，所以给对“流动的不均匀性”、“时间依赖性”的分析带来了很大困难。多相的结果无疑对高分子链的松弛特性及整个体系的松弛特性产生很大的影响，分析依然停留在定性的水平上。

从本质上讲，产生不均匀流动是由于流体中存在两个或两个以上产生局部扰动的相互作用的相。这些相互作用可归因于界面力、氢键、其他类型的分子相互作用或分散相部分的结晶作用，以减少连续相来增加分散相的体积分数等。连续相不但为分散相体积单元提供自由体积，而且还给以润滑，因此当系统变得越来越密集时，必然会出现不均匀流动，且导致扰动增加。对于含有大量填料（如碳酸钙、黏土、炭黑或玻璃纤维等）的高分子复合熔体和浓度相当高的聚合物溶液或分散体系，由于体系中存在相的相互作用，相的密度不同，相的变形速度也不同，都会出现上述的不均匀流动。

已经知道，对于触变性和震凝性流体，前者的黏度随流动时间而下降，后者则恰好相反，如图 5-8 所示，触变和震凝现象有的可逆，有的则不可逆。如橡胶在塑炼后的停放过程中，可塑度会随时间而下降，特别是加有活性炭黑的胶料，触变现象表现得特别显著。炭黑与橡胶分子链相互作用、在多数情况下形成类似连串的逾渗网络结构，即所谓的“物理交联的网络结构”，这样的物理交联有效地提高了胶料的结构黏度。但在加工过程中，随着剪切

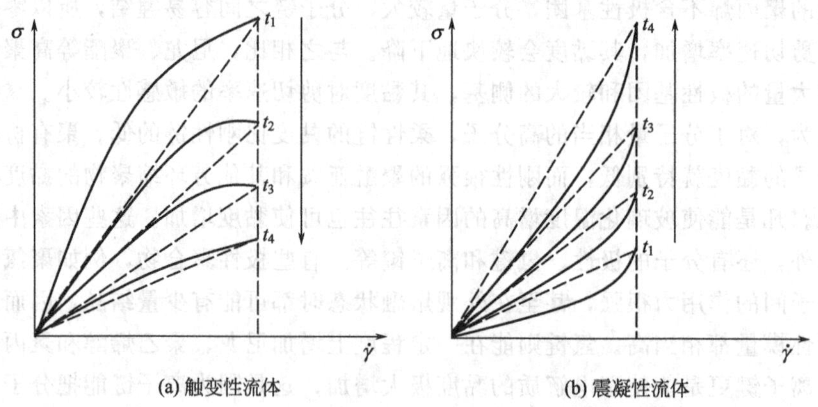

图 5-8 触变性和震凝性流体的黏度对时间的依赖性

$t_1 < t_2 < t_3 < t_4$

应力及剪切速率的增加，物理键被破坏，黏度很快下降。炭黑含量越多、活性越大，触变现象就越显著，黏度随时间的下降也越大，但是一旦消除外力，黏度又会逐渐恢复。

5.5 压力对黏度的影响

压力之所以会对高分子黏度产生很大影响，是因为高分子中存在大量的自由体积。自由体积理论最早是由 Fox 和 Flory 提出。他们认为高分子中，其体积由两部分组成：一部分是被分子占据的体积，称已占的体积；另一部分是未占据的自由体积。正是这些自由体积的存在，长分子链的化学键才能够内旋转。所以高分子流体与小分子不同是可压缩液体，其体积模量约为 $10^9\,\text{N/m}^2$，在加工温度下的压缩性比普通低分子液体大得多。

一般情况下，聚合物熔体的加工压力多为 $10^6 \sim 10^7\,\text{Pa}$(10～100atm)，体积压缩量约小于 1%。注塑加工所用的加工压力可达 $10^8\,\text{Pa}$(1000atm) 以上，流体会出现明显的体积压缩。体积压缩必然引起自由体积减小，使高分子流体流动性降低、黏度增加，注塑大型的、形状复杂的或壁厚不均匀的高分子制品，比如汽车水箱、大型家电外壳等，就需要很高的压力。在生产上可能会出现这样的情况：某种高分子在普通压力范围内可以加工成型，但当压力过大时，黏度太高，材料变硬，从而使加工成型困难甚至不能成型。所以在没有可靠依据的情况下，不能将低压下的流变数据任意外推到高压下应用。

因此，研究黏性流动与压力的关系对高分子材料的注射成型极为重要。研究者们在测定了在恒压下黏度随温度的变化$(\partial\eta/\partial T)_p$ 和恒温下黏度随压力的变化$(\partial\eta/\partial p)_T$ 后发现，如果以 $\lg\eta$ 分别对压力和温度作图时，黏度梯度都是线性函数。这表明可以通过一个系数 $(\Delta T/\Delta p)_\eta$ 把压力对黏度的影响与温度的影响联系起来。该系数近似等于常数，所以压力增加 Δp 无疑与温度下降 ΔT 是等效的。实验证明，该系数几乎与高分子的分子量、种类和结构无关。

显然，该系数与热力学函数$(\partial T/\partial p)_S$ 和$(\partial T/\partial p)_V$ 具有相同的形式。$(\partial T/\partial p)_S$ 可作为绝热压缩时的温升速率来测定，它与按下式计算的数值一致：

$$(\partial T/\partial p)_S = \frac{(\partial S/\partial p)_T}{(\partial S/\partial T)_p} \tag{5-4}$$

$(\partial T/\partial p)_V$ 则按下式计算：

$$(\partial T/\partial p)_V=(\partial S/\partial p)_T(-K/V) \tag{5-5}$$

式中，S 为熵；K 为体积模量；V 为比容积。由于恒温下的熵/压比和恒压下的熵/温比都是热力学基本函数，因此它们可以通过测定比热容、比容积和温度而得到。不过一般在处理熔体流动的工程问题时，时常会遇到黏度的压力效应和温度效应叠加在一起的情况。如上所述，此时首先把黏度看成是温度的函数，然后再把它看成是压力的函数，这样就可在等黏度条件下得到换算因子$-(\Delta T/\Delta p)_\eta$，即可确定出与产生同样熔体黏度所施加的压力增量相当的温降。表 5-2 列举了几种高分子熔体的换算因子、恒熵下温度随压力的变化和恒容下温度随压力变化的数据。

表 5-2　常见高分子熔体的换算因子

高　分　子	$-(\Delta T/\Delta p)_\eta/(\times10^{-7})$	$(\partial T/\partial p)_S/(\times10^{-7})$	$(\partial T/\partial p)_V/(\times10^{-7})$
聚氯乙烯	3.1	1.1	16
尼龙-66	3.2	1.2	11
聚甲基丙烯酸甲酯	3.3	1.2	13
聚苯乙烯	4.0	1.5	13
高密度聚乙烯	4.2	1.5	13
低密度聚乙烯	5.3	1.6	16
聚丙烯	8.6	2.2	19

以低密度聚乙烯为例，其转换因子等于 5.3×10^{-7}，如果注射成型条件为温度 220℃和压力 10^8Pa(1000atm)，此时的黏度与 1atm 相比势必增加，如果要两者相等，则温度就必须降低 $5.3\times10^{-7}\times10^8=53$℃。换句话说，熔体在 220℃和 1000atm 下的流动行为与 1atm 下 167℃时的相同。

显然，在高分子加工过程中，压力对黏度的影响和温度对黏度的影响是紧密联系的。有理论认为，流体的黏度由其自由体积决定。自由体积越大，流体越容易流动。由于热膨胀的缘故，自由体积随温度而增加。但对自由体积最直接的影响应该是压力。流体静压力的增加会使自由体积减小，从而引起流体黏度的增加。因此，有人提出，表示黏度-温度关系的安德雷德（Andrade）方程应修正为：

$$\eta=K\exp\left(\frac{E}{RT}+\frac{CV_0}{V_f}\right) \tag{5-6}$$

式中，V_0是紧密堆砌时的体积；V_f是自由体积，自由体积通常定义为流体实际体积和分子紧密堆砌到它无法运动时的体积之差，即 $V-V_f$，V 是实际测得的体积；常数 C 一般在 0.5～1.0 之间。由于紧密堆砌时的体积接近于玻璃化温度时的体积，因而：

$$V_f\approx\alpha V_0(T-T_g) \tag{5-7}$$

式中，α 是热膨胀系数。尽管在成型过程中，压力引起黏度偏高是客观存在的，不过，这种黏度的增加或多或少被聚合物的黏性发热所抵消，有时甚至不易察觉。此外，剪切速率对黏度的影响很大，也往往掩盖了压力对黏度的影响。因此，关于压力对聚合物熔体黏度影响的数据不是很多，且不同来源的数据出入也比较大。总的来说，黏度或随压力成线性关系增加，或略快于压力的增加速率。但不同的高分子熔体，其流动行为表现出的压力敏感性往往差异很大。比如，在剪切速率恒定的条件下，压力的增加可使聚苯乙烯的黏度增加 100 多倍，而聚乙烯的黏度只增加 4 倍。这是个有趣的现象，因为如果单从自由体积理论来说，所有的高分子有相同的自由体积分数。因此高分子的密度、分子量以及分子结构等，都会影响高分子黏度对压力的敏感性。表 5-3 给出了压力对不同品种聚乙烯黏度的影响，从实验中可以得到静压力与黏度的关系式：

$$X=\frac{1}{\eta}\left(\frac{\partial \eta}{\partial p}\right)_T \tag{5-8}$$

式中，X 为黏度-压力系数。压缩系数 K 和热膨胀系数 α 之间可由下列关系式表示：

$$\frac{X}{A}=-\frac{K}{\alpha} \tag{5-9}$$

式中，A 为阿累尼乌斯（Arrhenius）方程的指前因子，表示为：

$$A=\frac{1}{\eta}\left(\frac{\partial \eta}{\partial T}\right)_p \tag{5-10}$$

表 5-3 压力对不同品种聚乙烯黏度的影响

聚乙烯密度 /(10^3kg/m^3)	熔体指数	$\frac{\eta(\text{在 172.4MPa 下})}{\eta(\text{在 17.24MPa 下})}$
0.96	5.0	4.1
0.92	2.1	5.6
0.92	0.3	9.7
0.945	0.2	6.8

5.6 温度对黏度的影响

与剪切速率一样，温度也强烈影响高分子流体的黏度。在上一节已经指出，在高分子材料成型过程中，通过调节温度来改变高分子流体的流动性往往比调节压力更有效、更容易实施。对于纯粹的流变学而言，不研究温度对流变学的影响。但温度对高分子流体黏度的影响，对高分子材料成型加工来说非常重要。所以，本节重点讨论温度对高分子流体黏度的影响。

5.6.1 黏度-温度之间的函数关系

要弄清楚温度对高分子流体黏度的影响，讨论黏度-温度之间的函数关系是十分必要的。根据前面几章的讨论，在其他因素不变化的情况下，因为剪切速率和剪切应力相互依赖，我们可以假定黏度（η）是温度（T）和剪切速率（$\dot{\gamma}$）或剪切应力（τ）的二元函数，即 $\eta=f(T,\dot{\gamma})$ 或 $\eta=f(T,\tau)$，其中，$\dot{\gamma}>0$，$\tau>0$。

对 $\eta=f(T,\tau)$ 进行全微分可以得到下式：

$$\mathrm{d}\eta=\left(\frac{\partial \eta}{\partial T}\right)_\tau \mathrm{d}T+\left(\frac{\partial \eta}{\partial \tau}\right)_T \mathrm{d}\tau \tag{5-11}$$

若$\dot{\gamma}$恒定不变，则上式可写为：

$$\mathrm{d}\eta=\left(\frac{\partial \eta}{\partial T}\right)_\tau \mathrm{d}T+\left(\frac{\partial \eta}{\partial \tau}\right)_T\left(\frac{\partial \tau}{\partial T}\right)_{\dot{\gamma}} \mathrm{d}T \tag{5-12}$$

或

$$\left(\frac{\partial \eta}{\partial T}\right)_{\dot{\gamma}}=\left(\frac{\partial \eta}{\partial T}\right)_\tau+\left(\frac{\partial \eta}{\partial \tau}\right)_T\left(\frac{\partial \tau}{\partial T}\right)_{\dot{\gamma}} \tag{5-13}$$

经整理得：

$$1=\frac{(\partial \eta/\partial T)_\tau}{(\partial \eta/\partial T)_{\dot{\gamma}}}+\frac{(\partial \eta/\partial \tau)_T\left(\frac{\partial \tau}{\partial T}\right)_{\dot{\gamma}}}{(\partial \eta/\partial T)_{\dot{\gamma}}} \tag{5-14}$$

即：

$$\frac{(\partial\eta/\partial T)_\tau}{(\partial\eta/\partial T)_{\dot\gamma}}=1-\left(\frac{\partial\eta}{\partial\tau}\right)_T\left(\frac{\partial\tau}{\partial T}\right)_{\dot\gamma}\left(\frac{\partial T}{\partial\eta}\right)_{\dot\gamma}=1-\left(\frac{\partial\eta}{\partial\tau}\right)_T\left(\frac{\partial\tau}{\partial\eta}\right)_{\dot\gamma} \tag{5-15}$$

$\dot\gamma$ 不变时，$\tau=\eta\dot\gamma$ 对 η 的微分为：

$$\left(\frac{\partial\tau}{\partial\eta}\right)_{\dot\gamma}=\dot\gamma \tag{5-16}$$

于是，

$$\frac{(\partial\eta/\partial T)_\tau}{(\partial\eta/\partial T)_{\dot\gamma}}=1-\dot\gamma\left(\frac{\partial\eta}{\partial\tau}\right)_T \tag{5-17}$$

上式即为流体的通用方程，我们在推导该方程时并没有假定流体的性质。

分析上式可以看出，当流体是牛顿流体时，右侧的第二项为零，黏度对温度的两个偏导数相等，说明牛顿流体的黏度只与温度相关，剪切作用对其没有影响。当 $\dot\gamma$ 趋近于零，即静止状态，流体呈现出同样的性质。

对于剪切变稀的流体，例如假塑性流体，方程的右边显然大于 1，说明固定剪切应力或固定剪切速率两种情况下，黏度对温度的变化率是不一样的。对于剪切增稠流体，例如胀塑性流体结果正好相反。

5.6.2　流动活化能

高分子流体的黏性流动对温度的依赖性也可用经验公式 Andrade 方程（即 Arrhenius 方程）来表示：

$$\eta\approx A\exp(E/RT) \tag{5-18}$$

因为高分子流体黏度与剪切速率或剪切应力相关，当黏度为零剪切黏度时，黏度与剪切速率或剪切应力基本无关。所以式中 A 是给定剪切速率或剪切应力下与高分子特征有关的常数；E 是流动活化能，也称为黏流活化能；R 是气体常数；T 是热力学温度。

高分子熔体的流动活化能一般在 5～50kcal/mol 之间（1cal＝4.1868J）。表 5-4 列出了一些常见高分子的流动活化能数据。聚二甲基硅氧烷的流动活化能约为 4kcal/mol，是已知数据中最小的。如前所述，这是由于聚二甲基硅氧烷的分子链非常柔顺的缘故，而随着侧基的增大和分子链刚性的增强，流动活化能逐渐增加。

表 5-4　常见高分子的流动活化能

高　分　子	流动活化能/(kcal/mol)[①]
聚二甲基硅氧烷	4
高密度聚乙烯	6.3～7.0
低密度聚乙烯	11.7
聚丙烯	9.0～10.0
顺式聚丁二烯	4.7～8
聚异丁烯	12.0～15.0
聚对苯二甲酸乙二酯	19
聚苯乙烯	25
聚(α-甲基苯乙烯)	32
聚碳酸酯	26～30
聚乙烯醇缩丁醚	26
苯乙烯-丙烯腈共聚物	25～30
丙烯腈-丁二烯-苯乙烯共聚物(20%橡胶)	26
丙烯腈-丁二烯-苯乙烯共聚物(40%橡胶)	21

① 1kcal/mol＝4.1868kJ/mol。

显然，温度对高分子熔体黏度的影响不言而喻。比如对于聚对苯二甲酸乙二酯（$E=19$kcal/mol）来说，把温度从 300K 提高到 310K，则其黏度大约会降低 65%。此外，活化能的数值显著依赖于其获得的前提，即不同温度下的黏度是在恒定的剪切应力下得到的还是在恒定的剪切速率下得到的。如果是在恒定的剪切应力下得到的，则 E 值基本上是一个和所选择的 T 值无关的常数；如果 E 是在恒定的剪切速率下得到的，则活化能的数值一般随剪切速率的增加而减少。

我们将 Arrhenius 方程改写成以下形式：

$$\eta \approx A\exp(E_{\dot\gamma}/RT) \text{ 和 } \eta \approx A\exp(E_{\tau}/RT) \tag{5-19}$$

对温度 T 求偏导数得：

$$\left(\frac{\partial \eta}{\partial T}\right)_{\dot\gamma} = -\eta\frac{E_{\dot\gamma}}{RT^2} \text{和} \left(\frac{\partial \eta}{\partial T}\right)_{\tau} = -\eta\frac{E_{\tau}}{RT^2} \tag{5-20}$$

上式中两方程左侧之比与式(5-17) 左侧相同，而右侧之比显然是各自活化能之比，于是：

$$\frac{E_\tau}{E_{\dot\gamma}} = 1-\dot\gamma\left(\frac{\partial \eta}{\partial \tau}\right)_T \tag{5-21}$$

由上式明显可以看出，两种流动活化能比值与剪切作用对黏度的影响大小相关。对幂律流体而言，两种活化能之比事实上与流动指数 n 相一致，这可证明如下：

$$\eta = \frac{\tau}{\dot\gamma}, \tau = K\dot\gamma^n \text{或} \dot\gamma = \left(\frac{\tau}{K}\right)^{1/n} \tag{5-22}$$

因此，

$$\eta = \frac{\tau}{\left(\frac{\tau}{K}\right)^{\frac{1}{n}}} = \tau^{\frac{n-1}{n}} K^{\frac{1}{n}} \tag{5-23}$$

式中，K 在固定温度下为常数，η 为黏度。将 η 对 τ 微分得：

$$\left(\frac{\partial \eta}{\partial \tau}\right)_T = \frac{n-1}{n}\tau^{-\frac{1}{n}}K^{\frac{1}{n}} = \frac{n-1}{n}\left(\frac{K}{\tau}\right)^{-\frac{1}{n}} = \frac{n-1}{n}\left(\frac{1}{\dot\gamma}\right) \tag{5-24}$$

式(5-24) 左右两边整理，可得：

$$1-\dot\gamma\left(\frac{\partial \eta}{\partial \tau}\right)_T = 1-\dot\gamma\left(\frac{n-1}{n}\times\frac{1}{\dot\gamma}\right) = \frac{1}{n} \tag{5-25}$$

显然，

$$\frac{E_\tau}{E_{\dot\gamma}} = \frac{1}{n} \text{或} \frac{E_{\dot\gamma}}{E_\tau} = n \tag{5-26}$$

这就是幂律流体恒定剪切应力下的流动活化能 E_τ 与在恒定的剪切速率下的流动活化能 $E_{\dot\gamma}$ 之间的关系。

图 5-9 给出了低密度聚乙烯分别在 τ 恒定和 $\dot\gamma$ 恒定时的黏度随温度变化的曲线。显然，$E_\tau > E_{\dot\gamma}$。也就是说，除了温度外，E_τ 和 $E_{\dot\gamma}$ 也依赖于 τ 和 $\dot\gamma$。图 5-10 则给出了低密度聚乙烯在不同温度下的流动曲线。不难发现，E_{τ_1} 与 E_{τ_2} 比较接近，而 $E_{\dot\gamma_1}$ 与 $E_{\dot\gamma_2}$ 则相差较大，即：

$$\frac{\partial E_\tau}{\partial \tau} < \frac{\partial E_{\dot\gamma}}{\partial \dot\gamma} \tag{5-27}$$

不过，在高 $\dot\gamma$ 区，无论是 E_τ 还是 $E_{\dot\gamma}$，都小于较低 $\dot\gamma$ 区的 E_τ 和 $E_{\dot\gamma}$。这是由于在高 $\dot\gamma$ 区，聚合物分子已高度定向、伸展，因而温度对其黏度的影响较小。

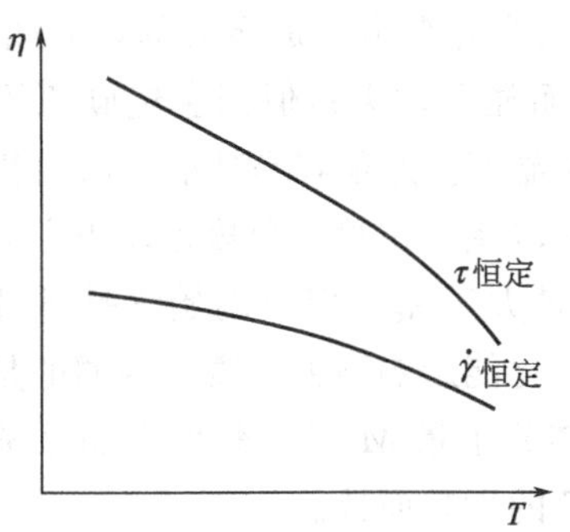

图 5-9　低密度聚乙烯分别在 τ 恒定和 $\dot{\gamma}$ 恒定时的黏度随温度的变化曲线

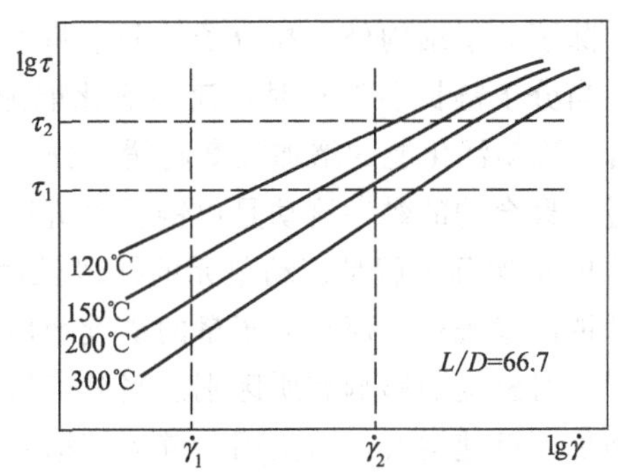

图 5-10　低密度聚乙烯在不同温度下的流动曲线

5.6.3　影响流动活化能的因素

对 Arrhenius 方程两边取自然对数：

$$\ln\eta=\ln A+\frac{E}{RT} \tag{5-28}$$

对温度 T 求导：

$$\frac{\mathrm{d}\ln\eta}{\mathrm{d}T}=\frac{1}{\eta}\times\frac{\mathrm{d}\eta}{\mathrm{d}T}=-\frac{E}{RT^2} \tag{5-29}$$

温度和剪切都是外部因素，流动活化能首先依赖于聚合物分子结构和分子量的大小。图 5-11 给出了多种高分子温度对黏度的关系曲线。不同的高分子其 $\lg\eta_a$-$1/T$ 直线具有不同的斜率。斜率 E/R 越大，则流动活化能 E 越高，也就意味着黏度对温度变化越敏感。一般分子链刚性越强（如纤维素、聚苯乙烯等）、分子间作用力越大（如聚酰胺、聚碳酸酯等）、流动活化能则越高。这类高分子的黏度因而对温度具有较大的敏感性。以聚甲基丙烯酸甲酯为例，温度升高 50℃左右，表观黏度可以下降一个数量级，因此在加工成型中，改变温度是调节这类高分子流动性的行之有效的手段之一。而对于柔性高分子，如聚乙烯、聚丙烯和聚甲醛等，它们的流动活化能较小，表观黏度随温度的变化不大，在成型加工中调节流动性仅仅靠改变温度是不行的，因为温度升高很多时，它的表观黏度降低仍然有限，且容易造成大分子链的降解，从而降低制品的质量。不过这类柔性链高分子的黏度往往表现出较为敏感的剪切依赖性，因此可以通过共同调节温度和剪切强度（如螺杆转速、螺纹块结构）等来达到调节流动性的目的。

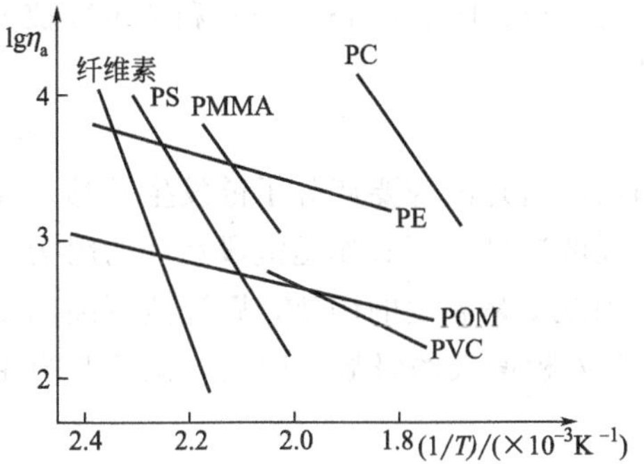

图 5-11　常见高分子的黏度对温度的依赖性

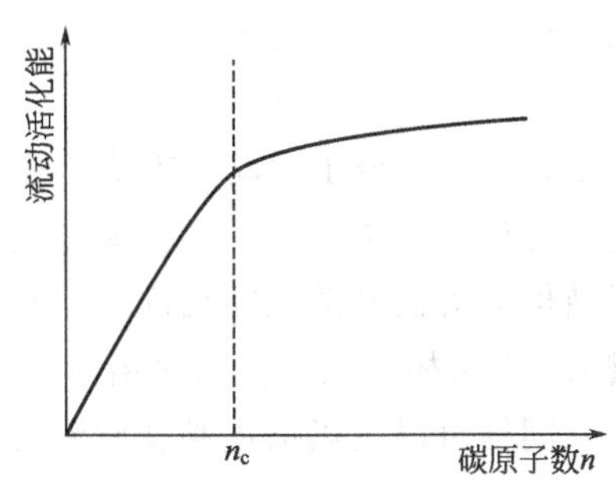

图 5-12　高分子的分子量大小对流动活化能的影响

除了分子结构外，高分子的分子量大小对流动活化能的影响也是显著的，如图 5-12 所示。当分子链长小于 n_c时，流动活化能随分子量增加而显著增大；但当主链碳原子数大于 n_c后，流动活化能的增加逐渐趋缓，分子量的影响不再显著。这很容易理解，前面我们已经说过，聚合物的黏性流动是以链段为流动单元，通过链段逐步位移，分段运动来完成的。因此这里 n_c实际上就是流动单元的链段长度。尽管分子量大于 n_c，但流动始终是通过固定链长的链段来进行，那么分子量的继续增加显然对流动活化能影响不大。需要强调的是，这与分子量对黏度的影响有所区别。当分子量大于临界缠结分子量 M_c后，黏度会随分子量的继续增加而迅速增大，这是因为链的缠结对黏度具有显著的贡献而致。

5.6.4 黏度-温度的其他经验方程

一般而言，对低分子物质，Arrhenius 方程可以很好的描述其黏度对温度的依赖性，即 $\lg\eta$ 与 $1/T$ 成良好的线性关系；而对高分子来说，只有当流动时的温度比玻璃化温度 T_g 高出 100℃以上时，Arrhenius 方程才适用。Vogel 提出了下述高分子熔体黏度与温度的关系：

$$\eta=A\exp\left[\frac{1}{\alpha(T-T_0)}\right] \tag{5-30}$$

式中，A，α 和 T_0 均为经验常数，可由实验测定。与 Arrhenius 方程相比，新参数 T_0 的引入可说明在接近 T_g 时黏度的突然变化，T_0 约比 T_g 低 70℃。当 T 无限接近 T_0 时，黏度 η 将趋于无穷大。因此有时 T_0 也记作 T_∞。

Vogel 方程有时也改写如下：

$$\lg\eta=\lg A+\frac{K\Delta}{(T-T_g+\Delta)} \tag{5-31}$$

式中，

$$\Delta=T_g-T_0 \tag{5-32}$$

$$K=\frac{1}{2.303\alpha\Delta} \tag{5-33}$$

对于大多数聚合物，Δ 约为 70℃，即 T_0 约比 T_g 低 70℃左右。

高分子熔体在流动时，由于分子长链之间的相互缠绕，因此单个大分子链不能作为整体流动，流动的结构单元是链段，它们由于热运动和受应力场的作用跃入空洞（自由体积）中。流动的速度取决于两个因素：链段跃迁的快慢和使高分子分子链平移所需的跃迁的方式，即跃迁的次数。很显然，前者与分子间的摩擦力有关，后者与聚合物的分子结构有关。因此，高分子的黏度可被认为是结构或协同因数 F(friction factor per unit) 和单位摩擦力因数 ζ(structure or coordination factor) 两者的乘积：

$$\eta=F\zeta \tag{5-34}$$

式中，F 表示分子运动的方式，是分子量的函数。这是因为要使分子链发生平移，高聚物各链段的运动必须互相配合。而 ζ 反比于链段跃迁的速度，可看作是链段运动的阻力，它与分子结构无关而是链段间局部相互作用的反映。因此 ζ 是温度的函数，跃迁速度随温度升高而增大，ζ 则相应减小，这是由于温度升高使自由体积增大的缘故。因此，温度与自由体积的关系同样可以用以描述黏度对温度的依赖性。

Doolittle 率先应用自由体积理论，根据正烷烃的黏度行为提出下式：

$$\eta=A\exp(BV_0/V_f) \tag{5-35}$$

式中，B 为常数，相当于链段运动所必需的体积分数；V_0 为聚合物分子的固有体积；V_f 为自由体积。假设聚合物的实际体积为 V，那么 Doolittle 方程可以改写为：

$$\eta=A\exp(B/f) \tag{5-36}$$

式中，f 为自由体积分数：

$$f=(V-V_0)/V=V_f/V \tag{5-37}$$

显然，上式表示 η 取决于 B 与 f 之比。Doolittle 方程与 Vogel 方程完全一致，参数 B、α 和 T_0 之间是相互联系的。按自由体积理论：温度为 T 时，一定质量聚合物熔体的表观体积 V 由两部分组成：一部分是分子自身占有的体积 V_0，另一部分是自由体积 V_f。若存在一个温度 T_0，在此温度下的自由体积为零，则温度低于 T_0 时体积不会收缩。此外，如果热膨胀系数 $(\partial V/\partial T)_p$ 已知，则自由体积为：

$$V_f=(T-T_0)(\partial V/\partial T)_p \tag{5-38}$$

而：

$$V_0/V_f=\frac{1}{\alpha(T-T_0)} \tag{5-39}$$

把上式代入 Doolittle 方程便可得到 Vogel 方程：

$$\eta=A\exp\left[\frac{1}{\alpha(T-T_0)}\right] \tag{5-40}$$

参数 B、α 和 T_0 之间的相互关系如下：

$$f=f_g+\alpha_f(T-T_g) \tag{5-41}$$

式中，f_g 为玻璃化温度时的自由体积分量，α_f 为 f 随 T 的变化率，假定 α_f 为常数，即 f 为 T 的线性函数，则：

$$B/f=\frac{B}{\alpha_f(T-T_g+f_g/\alpha_f)} \tag{5-42}$$

$$T_0=T_g-f_g/\alpha_f \tag{5-43}$$

$$\alpha=\alpha_f/B \tag{5-44}$$

因此，科恩（Cohen）和特恩布尔（Turnbull）指出，Vogel 方程与 Doolittle 方程等效，在 T_0 时，V_f 为零；T_0 以上时，V_f 随温度线性地增加。若将式(5-38）写为：

$$V=V_0+(T-T_0)(\partial V/\partial T)_p \tag{5-45}$$

并代入 Doolittle 方程，同时使用 Flory 和 Fox 获得的一系列聚苯乙烯级分的黏度-温度数据，即可计算出 V_0、A 和 B 的数值。此外，若利用分子量为 1675（T_g=40℃）的聚苯乙烯级分的 Flory-Fox 的黏度-温度的数据，以 $\ln\eta$ 对 $\frac{1}{T-T_0}$ 作图，则可得到如图 5-13 所示的一系列曲线。可以看出，当 T_0 取 5℃时曲线呈线性，因此该温度就是 $V_f=0$ 的温度，可作为液态松弛过程的参比温度。直线的截距就是 A，而斜率 B/α 与 E/R 是等同的。此处的 E 才是流动过程的真正活化能。

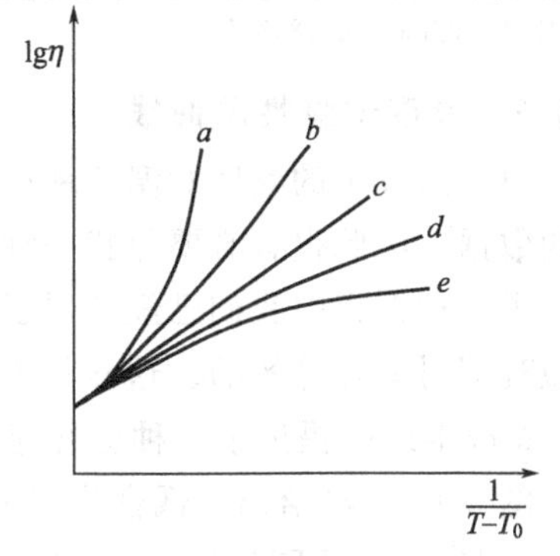

图 5-13　分子量为 1675（T_g=40℃）的聚苯乙烯的 $\ln\eta$-$\frac{1}{T-T_0}$ 曲线

a～e 的温度分别为 −273℃、0℃、5℃、10℃和 40℃

除了上述两个方程外，Williams、Landel 和 Ferry 提出以下温度-黏度的经验关系式（简称为 WLF 方程)：

$$\lg\frac{\eta(T)}{\eta(T_s)}=\lg\frac{\zeta(T)}{\zeta(T_s)}=\frac{-c_1(T-T_s)}{c_2+T-T_s} \tag{5-46}$$

若 $T_s=T_g$，$c_1=17.4$，$c_2=51.6$，则：

$$\lg\frac{\eta(T)}{\eta(T_s)}=\frac{-17.4(T-T_g)}{51.6+T-T_g} \tag{5-47}$$

WLF 方程与 Vogel 方程和 Doolittle 方程也是一致的。从式(5-31) 可知：

$$c_1=K=\frac{1}{2.303\alpha(T_g-T_0)}=B/2.303f_g \tag{5-48}$$

$$c_2=\Delta=T_g-T_0=f_g/\alpha_f \tag{5-49}$$

如前所述，只有当温度远高于 T_g时，Arrhenius 方程才是适用的；在较低的温度下，应该使用 WLF 方程或其他类似的方程。此外，符合 Arrhenius 方程的流体，其流动活化能 E 几乎和温度无关。但是对于符合 WLF 方程的流体，其黏度的温度系数不仅取决于温度，还取决于玻璃化温度 T_g。在低剪切速率下对于 WLF 方程，有：

$$E=\frac{R\mathrm{d}\lg\eta}{\mathrm{d}(1/T)}=\frac{4.12\times10^3T^2}{(51.6+T-T_g)^2} \tag{5-50}$$

表 5-5 列出了不同的 T_g和 $T-T_g$值时的流动活化能 E。当温度接近 T_g时，活化能变得非常大，且 T_g较大时尤为显著。

表 5-5　不同的 T_g和 $T-T_g$值时的流动活化能 E

$T-T_g$	活化能/(kcal/mol)①			
	T_g=200K	T_g=250K	T_g=300K	T_g=350K
0	61.9	96.7	139.3	189.6
6	54.1	83.6	119.6	162.1
10	47.9	73.4	104.3	140.7
20	38.9	58.6	82.3	110.0
30	32.7	48.5	67.4	89.4
50	25.0	35.9	48.9	63.9
80	18.7	25.9	34.4	44
100	16.1	22.0	28.7	36.3

① 1kcal/mol=4.1868kJ/mol。

5.6.5　温度依赖性总曲线

由于高分子的黏度对温度和剪切速率都很敏感，要表征一种高分子的流动行为就需要大量的数据。因此很有必要寻找一种方法，只需通过少量实验数据就能预计高分子的黏度。在高分子物理课程中我们已经学习了时温等效原理，对于高分子的许多宏观行为，升高温度与缩短观测时间是等效的。这样的等效性可以进一步推广到与温度有关的诸多物理量上。

Mendelson 提出了一种剪切速率-温度的叠加方法，来预计不同温度下高分子的流动行为。图 5-14 已经给出了低密度聚乙烯在一系列温度下的剪切应力对剪切速率的流动曲线。根据这些曲线，可获得给定剪切速率下的表观黏度：$\eta_a=\tau_w/\dot{\gamma}_w$。

选择一个适当温度 200℃下的曲线作为参考曲线，所有其他曲线通过沿剪切速率坐标平移的方法都可叠加到参考曲线上去。高于参考温度的曲线向左移动，而低于参考温度的曲线向右移动。这样得到的总曲线（又称约缩曲线）如图 5-14 所示。每条曲线的移动量叫做移动因子，以 α_T表示。移动因子为 10 意味着曲线沿 $\lg\dot{\gamma}$坐标平移了一个数量级，而 $\alpha_T=10^2$，

则意味着曲线沿 $\lg\dot{\gamma}$ 坐标平移了两个数量级。α_T 的数学表达式为：

$$\alpha_T=\frac{\dot{\gamma}(T_s)}{\dot{\gamma}(T)}=K_T\exp(E/RT) \qquad (5\text{-}51)$$

式中，$\dot{\gamma}(T_s)$ 是参考温度曲线上一定剪切应力所对应的剪切速率，$\dot{\gamma}(T)$ 是任一温度 T 时与 $\dot{\gamma}(T_s)$ 对应着同一剪切应力的剪切速率。K_T 是常数，E 是在恒定剪切应力下的流动活化能。上述方法也可反过来使用，即由流动总曲线来估算任意温度下的流动行为，或在缺少数据的情况下，估算分子量不同、但结构相似的高分子的流动行为。

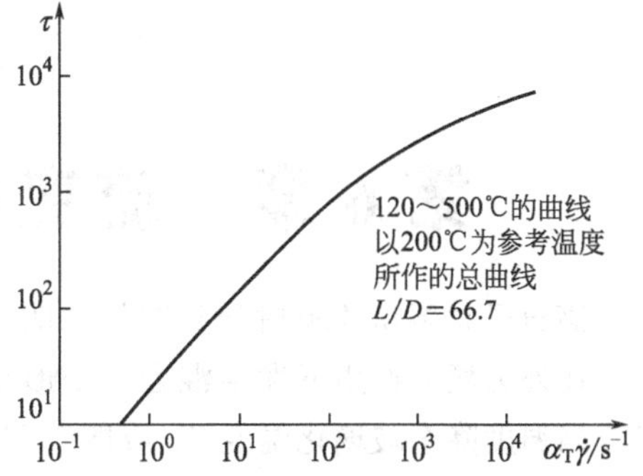

图 5-14　以 200℃作为参考温度的低密度聚乙烯剪切应力对剪切速率的约缩曲线

另一种估计不同温度下流动行为的方法是首先计算出给定温度下，黏度对剪切速率的关系，再移动各曲线以组成总曲线，图 5-15 表示了用这种方法得到的一组曲线。在很低的剪切速率下，大多数高分子熔体都为牛顿流体，表现为流动曲线上的牛顿平台（或线性平台）。平台对应的黏度可以看做是零剪切黏度 η_0。首先用归一化的黏度（相对黏度）η/η_0 使黏度-剪切速率曲线标准化，然后以 $\lg(\eta/\eta_0)$ 对 $\lg(\eta_0\dot{\gamma})$ 作图，便可以把不同温度下得到的相对黏度对剪切速率的一系列曲线叠加成一条总曲线。注意到在牛顿流动区内 $\eta_0\dot{\gamma}=\tau$，因此用 $\lg(\eta/\eta_0)$ 对 $\lg\tau$ 作图可以得到总曲线，如图 5-15 所示。由于采用了相对黏度 η/η_0 来代替黏度本身，并采用剪切应力来代替剪切速率，因此温度的影响大部分被自动抵消了。

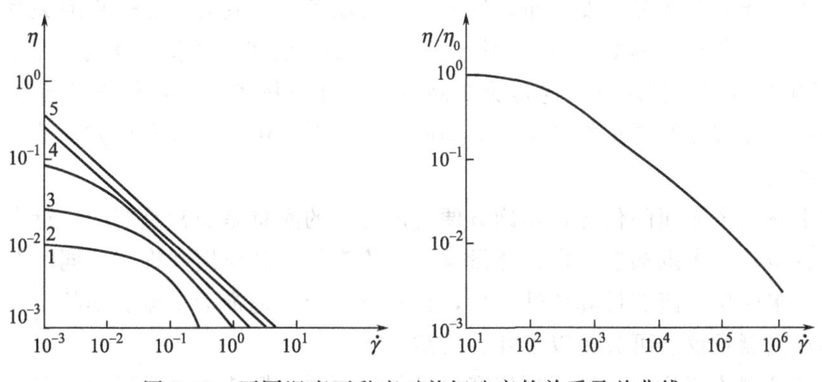

图 5-15　不同温度下黏度对剪切速率的关系及总曲线

不过，有时因为无法知道给定温度下的 η_0 值，所以使用这种方法就遇到了困难。例如，图 5-15 中只有曲线 1 和曲线 2 才有明显的 η_0 值。而曲线 4 和曲线 5 没有牛顿平台，不可能通过适当的外推来求得 η_0 的值。此时只能通过其他一些数据，如根据蠕变实验结果或 η_0 对温度的依赖关系来获得 η_0。

总的来说，对流动曲线进行约缩具有重要的意义。一方面，现有的测黏仪器由于自身限制很难测得在极低或极高剪切速率（或振荡频率）下的黏度及其他流变参数，通过不同温度下流动曲线的平移便可获得在广阔 $\dot{\gamma}$ 范围内黏度对剪切的依赖关系，从而进一步指导聚合物加工成型的工艺；也可反过来由流动总曲线来将聚合物的一些温度依赖性的行为转换成剪切依赖性，从而在短时间中获得良好的数据。

第 6 章　流变仪的基本原理及应用

高分子材料从原料树脂到制品一般要经历两个主要的阶段。高分子树脂首先受热逐渐熔融，在外力场的作用下发生混合、变形与流动，然后在成型模具中或经过口模形成一定的形状。当温度降至玻璃化温度 T_g 或熔点 T_m 以下，并延续降至室温时，其形态结构逐渐被冻结，制品被固化定型。因此，通过加工成型可得到外形符合要求具有一定实用价值的材料制品。

在高分子材料“熔融-混合-变形-流动-定型”的加工成型过程中，存在许多流变学问题，通过对这些流变学问题的分析研究，可以得到加工成型中，温度、压力、黏性、弹性、分子量及其分布和内部形态结构等影响因素的变化规律及相互关系。必须进行大量的流变实验和流变数据的测定，才能掌握这些变化规律，并建立它们之间的关系。

随着高分子流变学的蓬勃发展，测量流变参数的方法和仪器也日臻完善。对于高分子材料科学来说，流变学的目标至少可归纳为以下三个方面。

① 物料的流变学表征，这是最基本的流变测量任务。通过物料流变性质的测量可以了解体系的组分、结构等对加工流变性能的贡献，为材料物理和力学性能设计、配方设计、工艺设计提供基础数据和理论依据。

② 工程流变学设计。通过流变测量研究高分子反应设备、高分子加工设备与模具中流场的温度分布、压力分布和速度分布，研究极限流动条件及其与工艺过程的关系，确定工艺参数，进一步为设备与模具 CAD 的设计以及工艺 CAE 的优化提供可靠的定量依据。

③ 发展流变本构方程理论，这是流变测量的最高级任务。通过科学的流变测量，获得材料的黏弹性变化规律及与材料结构参数间的内在联系，由此比较本构方程的优劣，推动本构方程理论的发展。

要完成上述三个方面的任务，精确方便的流变学的测量是非常重要的。近十几年来由于技术的不断进步，一大批构造精密、测量准确的流变仪得到应用和推广，同时有许多与之配合的多功能、多模块、流变计算软件问世，这些成果极大地推动了流变学的发展。

常用的流变测量仪器可分为以下几种类型。

(1) 毛细管型流变仪　毛细管型流变仪可分为两类：恒速型（测压力）和恒压型（测流速）两种。通常的高压毛细管流变仪为恒速型，而塑料工业中常用的熔体指数测量仪则是一种恒压型毛细管流变仪。另一类是重力型毛细管流变仪，如乌氏黏度计。

(2) 旋转型流变仪　旋转型流变仪，可根据转子（也称夹具）几何构造的不同，又分为锥-板型、平行板型（板-板型）、同轴圆筒型等。橡胶工业中常用的门尼黏度计也可归结为一种改造的旋转型流变仪。

(3) 混炼机型流变仪　混炼机型流变仪实际上是一种组合式转矩流变仪。它带有小型密炼器和小型螺杆挤出机及各种口模。优点在于其测量过程与实际加工过程相仿，因此测量结果更具工程意义。常见的有 Brabender 公司和 Haake 公司生产的转矩流变仪。

(4) 拉伸流变仪　拉伸流变仪是用于在拉伸流场中测量材料拉伸黏度的流变仪。利用此种流变仪研究高分子流体的拉伸流变行为对于纤维制造非常重要。但因为拉伸流场的实验往往较为复杂，因此该类仪器尚未完全定型，研究者们往往自行设计测试方法和仪器。

(5) 其他流变仪　除了上面三种主流流变仪外，还有许多具有不同用途的流变仪。落球黏度计往往可以用来测零剪切黏度，用压缩型的威廉可塑计、华莱士可塑计、德弗可塑计等可用来评价橡胶流动性。此外，常见的测量材料动态热力学性能的动态力学分析仪（DMA），根据其夹具实施的剪切方式不同，比如是旋转还是拉伸，也可归纳到上述不同的流变仪种类中。

上述各种测试仪器、方法，各有其优缺点和适用范围，可互相补充。各种黏度计、流变仪的剪切速率范围和所测黏度范围如表 6-1 所示，随着机械制造技术和传感技术的发展，以及仪器结构的优化，流变测试所能达到的剪切速率范围仍然在不断扩大。

表 6-1　常见流变仪的剪切速率范围和所测黏度范围

流　变　仪	$\dot{\gamma}$ 范围 /s^{-1}	η 范围/(Pa·s)
落球黏度计	→0	10^{-3}～10^{3}
熔体指数测量仪	10^{0}～10^{2}	～10^{4}
转动型流变仪	10^{-6}～10^{3}	10^{-2}～10^{11}①
同轴圆筒型、平行板型、锥-板型		
门尼黏度计	10^{-3}～10^{0}②	
压缩型、振荡型		
混炼机	≥10^{-2}	
挤出式毛细管	10^{-2}～10^{5}	10^{-1}～10^{7}

① 同轴圆筒型、平行板型、锥-板型各自能精确测量的范围略有区别，取决于各自的测量面积和样品性质。

② 压缩型和振荡型门尼黏度计施加的剪切速率范围也有所区别，通常压缩型较大。

利用上述各种仪器测量物料黏度时，物料的流速较慢，因此雷诺数比较小，可认为相当于层流。前面的章节已经说过，这种用于测定黏度的流动称为测黏流动（viscometric flow）。本章就将从不同流变仪的测黏流动出发，对物料在流变仪中流动的流场进行分析，探讨这些流变仪测量黏度的基本原理。在测量时将高分子流体作为连续介质处理，因此在本章讨论流变仪测量原理的内容中，会部分涉及流体动力学的三大基础方程：连续性方程、运动方程和能量方程，这部分内容将在第 7 章中详述。

此外，根据物料的形变历史，即按流动和变形对时间的依赖性来分类，流变测量实验可分为以下几类。

① 稳态流变实验：实验中材料内部的剪切速率场、压力场和温度场恒为常数，不随时间变化。

② 动态流变实验：实验中材料内部的应力和应变场均发生交替变化，一般要求振幅要小，变化以正弦规律进行。

③ 瞬态流变实验：实验时材料内部的应力或应变发生阶跃变化，即相当于一个突然的起始流动或终止流动。此类实验中材料的多种力学性质得到反映。

这些测量方式实际上就是流变仪具体的测量模式，不同的模式可以得到不同类型的数据，如稳态流变数据、瞬态流变数据、动态流变数据等。而这些不同类型流变数据反映了物料形变或流动过程中内部不同层次结构的变化，对应的内容及其在高分子材料检测、加工中的应用同样将在本章中加以讨论。

6.1　毛细管流变仪

6.1.1　基本结构

毛细管流变仪是目前发展得最成熟、应用最广的流变测量仪之一，其主要优点在于操作

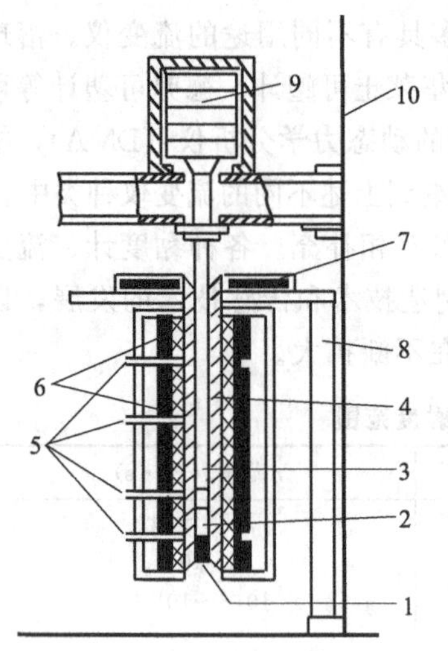

图 6-1　压力型毛细管流变仪（恒速型）的外形及构造

1—毛细管；2—物料；3—柱塞；4—料筒；5—热电偶；6—加热线圈；7—加热片；8—支架；9—负荷；10—仪器支架

简单、测量范围宽（剪切速率 $\dot{\gamma}$ 约为 $10^{-2}\sim10^{5}\,s^{-1}$）。压力型毛细管流变仪既可以测定高分子熔体在毛细管中的剪切应力和剪切速率的关系，又可以根据挤出物的直径和外观，在恒定应力下通过改变毛细管的长径比来研究熔体的弹性和熔体破裂等不稳定流动现象，可预测聚合物的加工行为，为选择复合物配方、最佳成型工艺条件和控制产品质量提供依据；可为高分子加工机械和成型模具的辅助设计提供基本数据，还可作为聚合物大分子结构表征和研究的辅助手段。

恒压型和恒速型两类压力型毛细管流变仪的区别是：恒压型的柱塞前进压力恒定，待测量为物料的挤出速度；恒速型的柱塞前进速率恒定，待测量为毛细管两端的压力差。恒速型的物料流动速率可由柱塞的前进速率得到，其压力可由柱塞上的负荷单元（Instron 流变仪）或料筒壁上的压力传感器（Gottfert 流变仪）测得。

压力型毛细管流变仪的外形及构造见图 6-1，其核心部件是位于料筒下部的毛细管，它的长径比（L/D）通常为10/1、20/1、30/1、40/1 等；料筒周围为恒温加热套，内有电热丝；料筒内物料的上部为液压驱动的柱塞。物料经加热变为熔体后，在柱塞高压作用下从毛细管中挤出，由此可测量物料的黏度并可得到其他反映物料黏弹性的流变参数。

物料从直径宽大的料筒经挤压通过有一定入口角的入口区进入毛细管，然后从出口挤出，因为物料是从大截面料筒流道进入小截面毛细管，此时的流动状况发生巨大变化，入口区附近物料会受到拉伸作用，出现了明显的流线收敛现象，这种收敛流动会对刚刚进入毛细管的物料的流动产生非常大的影响。

物料在进入毛细管一段距离之后才能得到充分发展，成为稳定的流动。而在出口区附近，由于约束消失，聚合物熔体表现出挤出胀大现象，流线又随之发生变化。因此，物料在毛细管中的流动可分为三个区域：入口区、完全发展的流动区、出口区（图 6-2）。图 6-2 中，L 为毛细管的总长度；p_1 为柱塞杆对聚合物熔体所施加的压力；p_0 为大气压；p_e 为出口处的熔体压力。

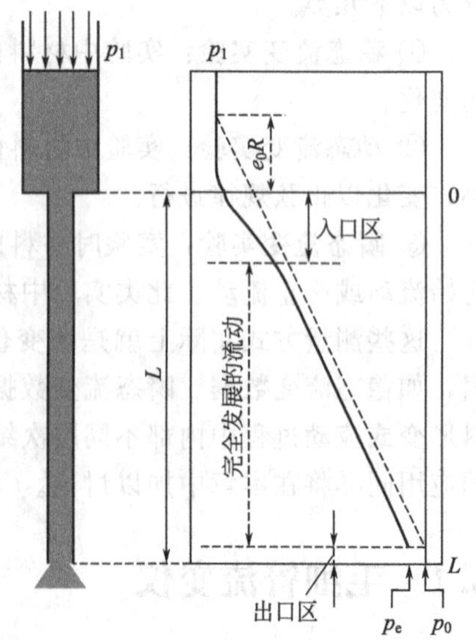

图 6-2　物料在毛细管中流动的三个区域

在测量物料黏度时我们一般采用的是恒速型毛细管流变仪。而在塑料工业中经常使用的熔体指数测量仪则为一种恒压型毛细管流变仪。通过在柱塞上预置一定的重量（压力），测量在规定温度下、规定时间内流过毛细管的流量，以此来比较物料分子量的大小，判断其适用于何种成型加工工艺。通常流量大、物料熔体指数高，说明其分子量小，此类物料多适用于注射成型工艺。流量小、熔体指数低，说明其分子量大，则此类物料多适用于挤出或吹塑成型工艺。熔体指数测量仪的基本结构与压力型毛细管流变仪类似，不同之处在于熔体指数测量仪中柱塞匀速运动，而压力型毛细管流变仪中柱塞在变速运动，给物料提供连续变化或阶跃变化的剪切速率。

6.1.2 完全发展区的流场分析

在毛细管流变仪的测量中，由于物料的流动存在着三个区域的原因，一部分压力分别在入口和出口处损失掉了，因此我们得到的数据并非充分发展段的真实应力和剪切速率，由此计算出来的黏度也是不准确的，必须对所得数据进行入口和出口校正。

6.1.2.1 Bagley 校正

按照第 4 章的管壁处的剪切应力计算公式，Δp 应为完全发展流动区的压力降，但实际测量时，压力传感器安装在料筒壁处，因此实测的压力降包括入口区的压力降 Δp_{ent}、完全发展区的压力降 Δp_{cap} 和出口区的压力降 Δp_{exit} 三部分：即 $\Delta p=\Delta p_{ent}+\Delta p_{cap}+\Delta p_{exit}$。

入口压力降的存在是由于物料在入口区经历了强烈的拉伸和剪切流动，以致贮存和消耗了部分能量的结果。实验发现，在全部压力损失中，95%是由于弹性能贮存引起的，仅有5%是由黏性耗散引起的。因此，对于纯黏性的牛顿流体而言，入口压力降很小，可忽略不计，而对高分子黏弹性流体，则必须考虑因其弹性形变而导致的压力损失。相对而言，出口压降比入口压降要小得多，对牛顿流体而言，出口压降为零；对于黏弹性流体，若其弹性形变在经过毛细管后尚未完全回复，至出口处仍残存部分内压力，即会导致出口压降。

为了从实测的压力降 Δp 准确地求出完全发展流动区管壁处的剪切应力，Bagley 于1957 年提出了如下修正方法：虚拟的延长毛细管（实际是完全发展流动区）的长度，将入口区的压力降等价为虚拟延长长度上的压力降。记虚拟延长的长度为：

$$L_B=e_0R \tag{6-1}$$

式中，e_0 称为 Bagley 修正因子，则压力梯度为：

$$\frac{\partial p}{\partial z}=\frac{\Delta p}{L'+e_0R} \tag{6-2}$$

管壁上的剪切应力则为：

$$\sigma_R=\frac{R}{2}\times\frac{\Delta p}{L'+e_0R} \tag{6-3}$$

Bagley 修正因子 e_0 通常采用如下实验方法确定：选择三根长径比不同的毛细管，在同一体积流量下，测量压差 Δp 与长径比 L/D 的关系并作图，将直线延长与 Δp 轴相交，其纵向截距等于入口压力降 Δp_{ent}；继续延长与 L/D 轴相交，其横向截距则为 $L_B/D=e_0/2$，如图 6-3 所示。

实验中应保持体积流量恒定。若流量变化，相当于剪切速率发生变化，则 e_0 值也会相应变化。由于入口压力降主要因流体贮存弹性引起，因此一切影响材料弹性的因素（如分子量、分子量分布、剪切速率、温度等）都会对 e_0 产生影响。实验表明，当毛细管长径比较小、剪切速率较大、温度较低时，入口校正不能忽略，否则不能得到可靠的结果；而当毛细管长径比很大时（L/D>40），入口区压降所占的比例很小，此时

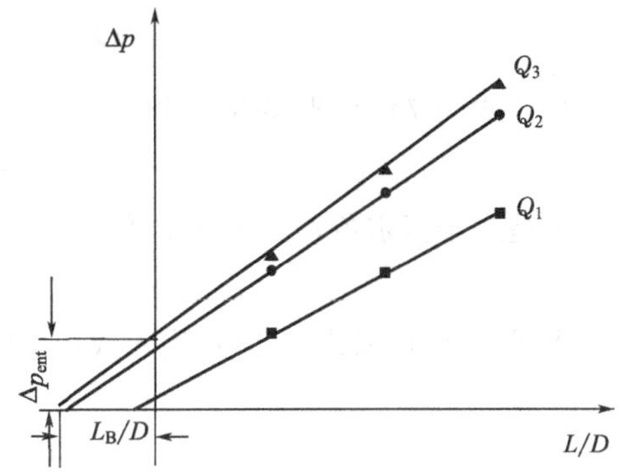

图 6-3 不同流量下 Δp 与 L/D 的关系

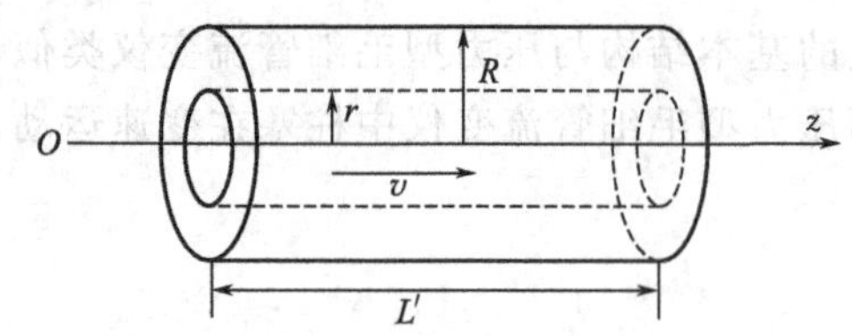

图 6-4 毛细管中完全发展区的流动

可不作入口压力校正。

6.1.2.2 Rabinowitsch 校正

物料在圆管中的稳定层流在第 4 章中已经讨论过，这里再简单回顾一下。设毛细管半径为 R，完全发展区长度为 L'，物料为不可压缩流体，在柱塞压力作用下作等温、稳定的轴向层流。为研究方便，取图 6-4 所示的柱坐标系 (r,θ,z)，设流体为不可压缩的黏弹性流体。可知只有 z 方向上的流速分量 v_z 不等于零，而速度梯度只有 $\frac{\partial v_z}{\partial r}$ 分量不等于零，偏应力张量可能存在的分量有 τ_{zr}、τ_{zz}、τ_{rr}、$\tau_{\theta\theta}$。设惯性力和重力忽略不计，对于完全发展的稳态流动，在圆柱坐标系中运动方程可以写成：

$$-(\partial p/\partial z)+(1/r)\left[\partial(r\tau_{rz})/\partial r\right]=0 \tag{6-4}$$

$$-(\partial p/\partial r)+(\partial\tau_{rr}/\partial r)+(S_{rr}-S_{\theta\theta})/r=0 \tag{6-5}$$

式中：

$$\begin{vmatrix} S_{zz} & S_{rz} & S_{\theta z} \\ S_{rz} & S_{rr} & S_{r\theta} \\ S_{\theta z} & S_{r\theta} & S_{\theta\theta} \end{vmatrix} = \begin{vmatrix} -p & 0 & 0 \\ 0 & -p & 0 \\ 0 & 0 & -p \end{vmatrix} + \begin{vmatrix} \tau_{zz} & \tau_{rz} & 0 \\ \tau_{rz} & \tau_{rr} & 0 \\ 0 & 0 & \tau_{\theta\theta} \end{vmatrix} \tag{6-6}$$

式中，p 是各向同性压力；τ_{ij} 是偏应力的分量。

将式(6-4) 从 $r=0$ 至任意 r 积分，可得：

$$\tau_{rz}=(\partial p/\partial z)r/2 \tag{6-7}$$

式中，$(\partial p/\partial z)$ 是完全发展区中的压力梯度。由此可得出壁上（即 $r=R$）的剪切应力 τ_{w}：

$$\tau_{\mathrm{w}}=(\partial p/\partial z)R/2' \tag{6-8}$$

当牛顿流体强制流过半径为 R、长度为 L 的圆管时，表观剪切速率 $\dot{\gamma}_{\mathrm{app}}$ 为：

$$\dot{\gamma}_{\mathrm{app}}=4Q/\pi R^3=8\,\overline{V}/D \tag{6-9}$$

式中，Q 是体积流率；$\overline{V}$ 是流体在管中的平均速度；D 为管道直径。

通常，体积流率 Q 由速度分布 $v_z(r)$ 求得，于是：

$$Q=2\pi\int_0^R rv_z(r)\,\mathrm{d}r \tag{6-10}$$

假设流体在管壁上无滑移，即 $v_z(R)=0$，分部积分上式，得到：

$$Q=-\pi\int_0^R r^2(\mathrm{d}v_z/\mathrm{d}r)\,\mathrm{d}r \tag{6-11}$$

结合式(6-7) 和式(6-8)，得到：

$$r=(R/\tau_{\mathrm{w}})\tau_{rz} \tag{6-12}$$

于是对于恒定剪切速率 $\dot{\gamma}$，有：

$$-\mathrm{d}v_z/\mathrm{d}_r=\dot{\gamma} \tag{6-13}$$

将式(6-12) 和式(6-13) 代入式(6-11)，得到：

$$\frac{\tau_{\mathrm{w}}^3Q}{\pi R^3}=\int_0^{\tau_{\mathrm{w}}}\dot{\gamma}\tau_{rz}^2\,\mathrm{d}\tau_{rz} \tag{6-14}$$

将上式两端对 τ_{w} 微分，并应用 Leibnitz 规则，可得：

$$\dot{\gamma}_w=\left(-\frac{dv_z}{dr}\right)_w=\frac{1}{\pi R^3}\left(\tau_w\frac{dQ}{d\tau_w}+3Q\right) \tag{6-15}$$

将式(6-9) 代入上式，得到：

$$\dot{\gamma}_w=\frac{\dot{\gamma}_{app}}{4}\left(3+\frac{d\lg\dot{\gamma}_{app}}{d\lg\tau_w}\right) \tag{6-16}$$

这就是 Rabinowitsch 校正，也称为 Rabinowitsch-Mooney 公式，该公式是一般通式，我们在推导时并没有限制流体的类型。已被普遍用于计算非牛顿流体的真实剪切速率。多数高分子材料在较宽的 $\dot{\gamma}_{app}$范围内，从 τ_w对 $\dot{\gamma}_{app}$的双对数坐标曲线中都可以得到恒定的斜率。这样即可用经验公式表示：

$$\tau_w=K'(\dot{\gamma}_{app})^n \tag{6-17}$$

式中，n 是 $\lg\tau_w$对 $\lg\dot{\gamma}_{app}$作图的斜率，即：

$$n=\frac{d\lg\tau_w}{d\lg\dot{\gamma}_{app}} \tag{6-18}$$

将上式代入式(6-16)，则 Rabinowitsch-Mooney 公式可改写成：

$$\dot{\gamma}_w=[(3n+1)/4n]\dot{\gamma}_{app} \tag{6-19}$$

进而可得：

$$\tau_w=K\dot{\gamma}_w^n \tag{6-20}$$

这就是幂律流体方程，上述推导与第 4 章的特殊条件下的推导相一致。

令式中：

$$K=K'[4n/(3n+1)]^n \tag{6-21}$$

当 $n=1$，式(6-20) 即简化为：

$$\tau_w=K\dot{\gamma} \tag{6-22}$$

这就是著名的牛顿流体表达式。式中的 K 此时代表牛顿黏度。壁剪切应力和真实剪切速率可用式(6-20)表示的流体即为幂律流体。显然，n 值与 1 的差异可描述偏离牛顿流体的程度。对于大多数高分子浓溶液和熔体，n 通常小于 1。但必须指出，这里的 n 并非幂律定律中的非牛顿指数 n，只不过其数值恰好与非牛顿指数相等罢了。

6.1.3　入口压力降的典型应用

入口压力降是流体弹性贮能的体现，研究者们经常采用入口压力降作为材料弹性性能的一种量度。其最典型的应用是表征聚氯乙烯的塑化程度（凝胶化程度）。聚氯乙烯是几种最常用的通用塑料之一。在硬质聚氯乙烯制品加工中，聚氯乙烯的凝胶化程度一直是质量控制的关键，因为凝胶化的程度强烈影响聚氯乙烯制品最终的物理机械性能。悬浮法合成的聚氯乙烯具有多层次的亚微观结构（介观结构）：粉末粒子（aggregation）、初级粒子（primary particle，～1μm）、区域粒子（domain particle，～100nm）、微区粒子（crystal particle，～10nm）。其中，微区粒子在加工过程中的流变状态对聚氯乙烯的塑化程度具有重要影响。由于聚氯乙烯的热稳定性较差，因此在加工熔融过程中，尽管采取了稳定措施，也很难使微区的晶粒完全熔融。另外，已经熔融的微晶在冷却过程中又会重新结晶，形成与原始晶态不同的结晶度和分布结构。这些微晶可能同时含有几根分子链，形成一种网络结构，使材料具有一定凝胶度。因此聚氯乙烯的熔融塑化过程又称凝胶化过程。

长期以来聚氯乙烯的凝胶化程度都是无法定量测量的，这使其成型加工具有较大的盲目性。近年来，研究者们发展了几种方法，如示差扫描量热法（DSC 法）和零长毛细管流变

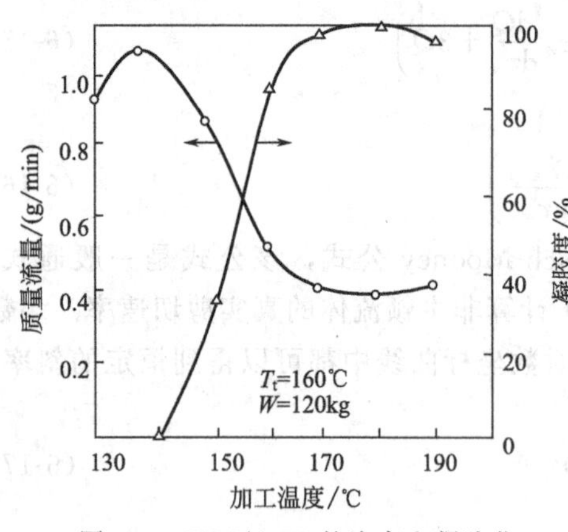

图 6-5 PVC/ACR 的流率和凝胶化程度随加工温度变化的曲线

仪法来测量聚氯乙烯在不同温度和不同配方体系下的凝胶化程度。

零长毛细管流变仪的结构与普通毛细管流变仪完全相同，只是其配用的毛细管的长径比很小，一般为 $L/D=0.4$。此时，物料通过零长毛细管的流动相当于只是通过毛细管入口区的流动，其压力降几乎全部消耗在入口压力降上。入口压力降的大小主要反映了物料流经入口区时贮存弹性形变能的大小，因此凡是凝胶化程度高的熔体，其弹性性能好，入口压降就大，反之则低。

图 6-5 给出用恒压式零长毛细管流变仪测量，一种硬聚氯乙烯样品（PVC/ACR）采用两辊开炼机在不同辊温下塑炼后的凝胶化程度数据。由于采用恒压式流变仪，所以入口压力降效应在这儿就反映为在恒定压力下熔体通过毛细管的流率大小。熔体弹性高，入口压力损失大，其流率则小，反之则大。显然，低温塑炼后的物料塑化不好，熔体弹性小，流率很大。随辊温升高，物料塑化程度逐渐变好，熔体弹性增强，流率变小。若定义流率最大时物料的凝胶化程度为零，而流率最小时凝胶化程度为100%，则曲线上任一点的凝胶化程度 G 即可由下式计算：

$$G=\frac{Q_{\max}-Q}{Q_{\max}-Q_{\min}} \tag{6-23}$$

由图 6-5 可以看出，加工温度为 140℃时，凝胶化程度等于零，物料塑化很差；而180℃时，熔体凝胶化程度相当高。需要说明的是，这种测量物料凝胶化程度的方法是一种相对测量法。原先塑化好的物料在测量时，由于加热，其内部的聚集态结构又会发生变化，因此使得测量结果与测试温度和预置的恒定压力有关。尽管如此，由于该方法提供了定量比较熔体凝胶化程度的简便途径，因此对于选择硬聚氯乙烯配方体系和工艺条件具有较好的指导作用。

6.1.4 出口区的流动行为

在毛细管出口区，黏弹性的高分子流体所表现出的特殊的流动行为，主要是挤出胀大现象和出口压力降不为零。这实际上是一个问题的两个方面。

(1) 挤出胀大现象 挤出胀大现象通常用挤出胀大比 $B=d/D$ 来描述，其中 d 为挤出物完全松弛时的直径，D 为口模直径。其产生原因可归结为两方面：首先是由于高分子熔体在入口区经受剧烈的拉伸形变，贮存了弹性能，这种弹性形变在物料经过毛细管时仅得到部分松弛，因此流出口模后仍将继续松弛；其次，物料在毛细管内流动时，大分子链在剪切流场作用下发生拉伸与取向，这部分弹性形变也将在挤出后得到松弛，最终形成挤出物的直径大于口模直径的挤出胀大现象。

高分子链的结构及物料配方对挤出胀大行为有明显影响。线形柔性链分子，内旋转位阻低，松弛时间短，挤出胀大效应较弱。例如天然橡胶的胀大比，与同样条件下丁苯橡胶、氯丁橡胶、丁腈橡胶相比要低一些，这是因为天然橡胶不含体积较大或刚性的侧基，分子链的柔顺性较丁苯橡胶、氯丁橡胶、丁腈橡胶要好。丁苯橡胶中，苯乙烯含量高者，分子链内旋转位阻大，松弛时间长，挤出胀大比也大。分子量、分子量分布及长链支化度对高分子的流动性和弹性有明显影响，因而也会对挤出胀大产生影响。此外，增塑剂能够减弱大分子间的相互作用，缩短松弛时间，从而可减小挤出胀大比；填充补强剂的用量较多，加入后不仅使物料中相对含胶率降低，而且使分子链的运动受到限制，因此也会导致挤出胀大比下降。

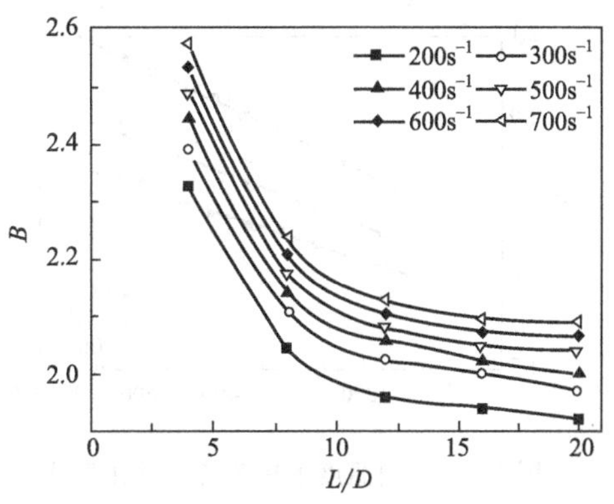

图 6-6　聚乙烯挤出胀大比 B 与毛细管长径比 L/D 的关系

除了高分子本征结构外，毛细管的长径比和料筒尺寸也强烈影响挤出胀大比。图 6-6 给出挤出胀大比 B 与毛细管长径比 L/D 的关系。由此可见，当 L/D 值较小时，随长径比增大，挤出胀大比减小。反映出毛细管越长，物料在入口区承受的弹性形变得到越多的松弛。但是，当 L/D 值较大时，挤出胀大比几乎与毛细管长径比无关，说明此时入口区弹性形变的影响已不明显，挤出胀大的原因主要来自毛细管壁处的分子链取向产生的弹性形变。

图 6-7 则给出挤出胀大比与 D_R/D 比值的关系，其中 D_R 为料筒的内径，D 为毛细管直径。不难看出，当 D_R/D 较小时，随着该比值增大，挤出胀大比也逐渐增大；而当 D_R/D 值较大时，挤出胀大比变化不明显。这种关系再一次表明出口区熔体的挤出胀大行为与入口区熔体的流动状态密切相关。当料筒直径 D_R 较小时，物料在入口区的拉伸变形较小，贮存的弹性形变能少。随着料筒直径增大，物料承受的拉伸变形随之增大，反映在出口区，挤出胀大行为明显。当料筒直径 D_R 足够大，以至于入口区的流动状况基本不受料筒壁的影响，因此 D_R/D 比值的变化对挤出胀大比则影响不大。

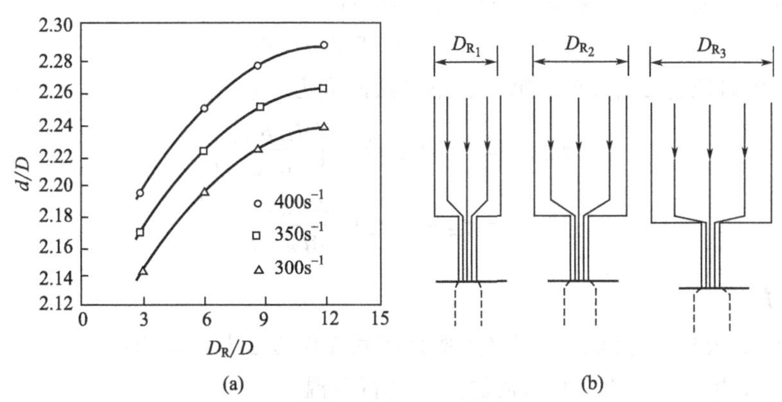

图 6-7　聚乙烯挤出胀大比与 D_R/D 比值的关系

此外，挤出胀大比与加工工艺如温度、剪切作用之间还有一定的关系。图 6-8 给出了不同温度下高密度聚乙烯的挤出胀大比与剪切速率 $\dot{\gamma}$ 及挤出温度 T 的关系。当毛细管长径比 L/D 确定时，挤出胀大比随 $\dot{\gamma}$ 升高而增加，随温度 T 升高而减少。这种关系符合高分子熔体弹性能的变化规律。

(2) 出口压力降不为零　与挤出胀大现象直接关联的是高分子流体在毛细管出口处压力降不为零（$\Delta p_{exit} \neq 0$），这两者实际上反映了黏弹性流体在毛细管出口处仍具有剩余的可恢复的弹性能。

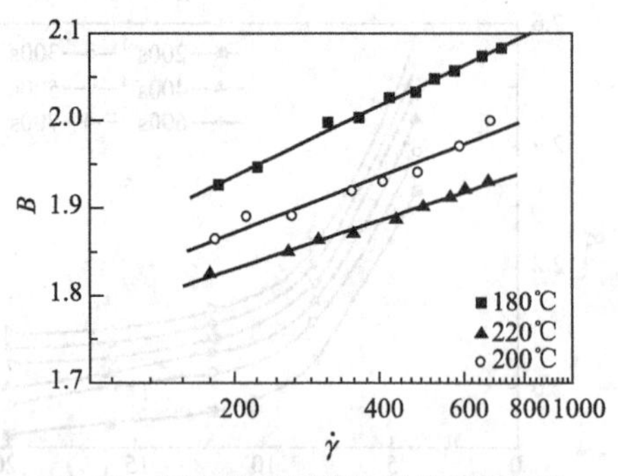

图 6-8　不同温度下聚乙烯的挤出胀大比对剪切速率及挤出温度的依赖性

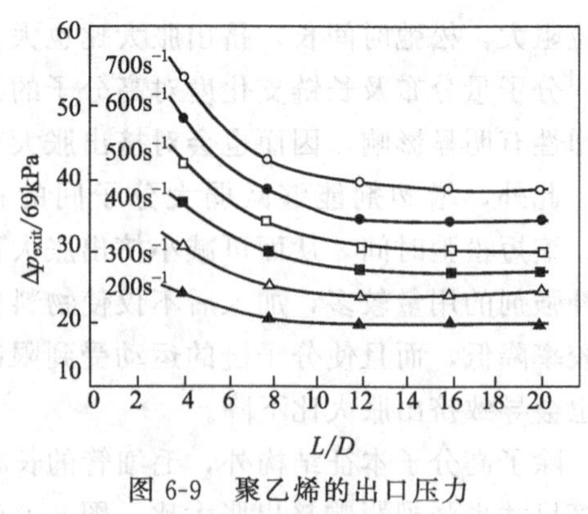

图 6-9　聚乙烯的出口压力与毛细管长径比的关系

一般挤出胀大比是通过在毛细管出口处采用直接照相、激光扫描或淬冷定型等方法直接测量得到的，但测量误差较大，原因是挤出物完全松弛的位置不易确定，且挤出物直径易受重力作用而变细。出口压力的测定一般采用窄缝式毛细管，通过压力传感器直接测量毛细管上的压力梯度，然后外推得到出口处压力。

图 6-9 给出了高密度聚乙烯的出口压力与毛细管长径比的关系。可以看出，与挤出胀大行为相似，当毛细管长径比较小时，Δp_{exit}随毛细管长径比增大而减小。但当毛细管足够长时，入口区的影响已在毛细管内充分得到松弛，则出口压力降 Δp_{exit}变化就很小了。毫无疑问，一切影响挤出胀大比 B 的因素也均以同样的规律影响 Δp_{exit}的变化。

由于挤出胀大比是黏弹性材料在流动条件下弹性大小的体现，因此将挤出胀大比和出口压力的测量与法向应力差函数相互联系才更有实际意义。迄今为止已经有不少较为成熟的理论公式已经获得且均得到一定的实验验证，简单介绍如下。

Tanner 由挤出胀大比 B 来求第一法向应力差：

$$\tau_{xx}-\tau_{yy}=2\tau_w[2B^6-2]^{1/2} \tag{6-24}$$

Han 则由出口压力 Δp_{exit}来求第一、第二法向应力差：

$$\tau_{xx}-\tau_{yy}=\Delta p_{exit}+\sigma_w\left(\frac{d\Delta p_{exit}}{d\tau_w}\right) \tag{6-25}$$

$$\tau_{yy}-\tau_{zz}=-\tau_w\left(\frac{\mathrm{d}\Delta p_{exit}}{\mathrm{d}\tau_w}\right) \tag{6-26}$$

6.1.5　测试方法

现以 Instron 公司的毛细管流变仪为例介绍其操作方法及注意事项。

① 依次打开电源，设置实验所需温度，进行升温。

② 每次更换力传感器或改变单位设定及力值显示窗显示“—”时，应对其进行校正：按压“LOAD CAL”、“ENTER”等待数秒，当力值显示窗显示零时，标定完成；每当调换夹具或力值显示窗显示不为零时，应对其进行复零：按压“LOAD BAL”、“ENTER”等待数秒，当力值显示窗显示零时，标定完成。

③ 在毛细管流变仪的控制面板上设置最大负荷（最大负荷应小于支架所承受的力）、最小负荷和最大应变、最小应变。

④ 进入计算机控制菜单，进行系统参数设置。

⑤ 待料筒温度达到设定值并保持恒定后，用专用清洗料清洗料筒，然后用纯棉纱布将

压杆、料筒、毛细管擦拭干净。

⑥ 清洗完成后装上柱塞杆做空车校正。

⑦ 取下柱塞杆，向料筒中加入实验物料，在加料过程中反复多次压实物料，至物料距料筒上端保持一段距离后即可开始实验。

⑧ 每次实验完成后先清洗料筒，方法同⑤，然后将拆卸下的零部件归位。

注意事项：

① 实验之前应检查机架左侧的机械上、下限位标志是否在合适的位置。

② 毛细管是由硬质合金钢制成，应轻取轻放，避免跌落在地上摔碎。

③仪器安装时应注意料筒与柱塞杆的中心对正，否则将导致柱塞杆与料筒之间产生摩擦，从而既损伤仪器，又影响测试结果；实验开始时，应当使柱塞杆缓慢地插入到料筒中，以避免柱塞杆顶到支架上。

④ 负荷及应变值的符号以拉伸为正值，压缩为负值。

6.1.6　基本应用

(1) 聚合物熔体剪切黏度的研究　毛细管流变仪最广泛的应用是测定聚合物熔体的剪切黏度（η 和 η_0）及其与剪切速率 $\dot{\gamma}$ 的关系。通过测定零剪切黏度 η_0 随各种聚合物本征结构参数（如分子量、分子量分布、支化程度）与流场参数（如剪切速率、温度、压力）的变化值，即可建立它们之间的定量关系式，得到理论模型的各项常数。通过测定复杂体系如填充、共混体系剪切黏度 η 与浓度和流场参数的关系，也可建立半定量的流变模型，从而指导这类复杂体系的加工成型。

(2) 流动曲线的时温叠加　聚合物的黏度对温度和剪切速率都有依赖性，因此可利用时温转换原理将不同温度下的流动曲线叠加成一条流动总曲线，使得人们可以通过少量实验数据获悉更广阔温度范围和剪切速率范围内的流动信息，有利于材料的表征。这部分内容已在第 5 章中详细讲解，这里不再重复。

(3) 聚合物熔体弹性的研究

① 由末端校正计算熔体弹性。为解释黏弹性流体的末端校正值，Philippoff 和 Gaskins 基于入口区的力学平衡，提出如下关系：

$$e_0 = e_c + S_R \tag{6-27}$$

式中，e_c是 Couette 校正，大约为 0.75；S_R为可恢复剪切形变：

$$S_R = \frac{N_{1,w}}{2\tau_w} \tag{6-28}$$

式中，$N_{1,w}$为管壁处的第一法向应力差；σ_w为管壁剪切应力。这是简单 Maxwell 流体在稳态剪切流场除去后分子链重新缠结的表达式。因此，末端校正可与可恢复剪切 S_R关联起来，第一法向应力差也可由上面的公式计算得到。相应的松弛时间可由毛细管壁处的剪切速率得到：

$$\lambda(\dot{\gamma}_w) = \frac{N_{1,w}}{2\tau_w \dot{\gamma}_w} \tag{6-29}$$

需要指出的是，在使用这些公式时应注意以下几点：首先，采用 Bagley 绘图法难以得到准确的末端校正因子 e_0；其次，Bagley 校正包括入口效应和出口效应，当毛细管长径比较小时，入口效应的影响更为显著。此外，式(6-24)、式(6-25) 描述的第一法向应力差和剪切应力与入口区的几何尺寸无关（因为第一法向应力差和剪切应力都是在完全发展区管壁处得到的)，而实际上 e_0是受入口区几何尺寸影响的。

② 法向应力差的计算和挤出胀大比的研究。这部分内容参见6.1.5节。

6.1.7 毛细流变仪测黏数据处理

在用毛细管流变仪测试高分子熔体的流变性能过程中，不管是采用恒压型还是采用恒速型毛细管流变仪，在一定的温度条件都可以得到两个基本的数据。一个是作用在料筒上的总的负荷，一个是与负荷相平衡时的滑塞速度。

假定料筒上的总负荷为f(N)，滑塞的平衡速度为$\overline{V}$(m/s)，物料在毛细管的平均速度为$\overline{v}$(m/s)，毛细管的长度为l(m)，毛细管的直径为d(m)，料筒的直径为D(m)，所选毛细管的长度与其直径比（l/d）大于40。

已知两个基本的数据，根据测试条件和毛细管的几何尺寸，进行一系列的计算可以得到有关物料流变性能的一组数据。当负荷与滑塞速度平衡时，则有

物料在毛细管的平均速率： $\overline{v}=\dfrac{\overline{V}D^2}{d^2}$

毛细管两端的推动力： $\Delta p=\dfrac{f}{\frac{1}{4}\pi D^2}$

毛细管管壁处的表观剪切速率： $\dot{\gamma}_{\text{app}}=\dfrac{8\overline{v}}{d}$

由于l/d大于40，不进行进口压力降修正，可直接用平衡时剪切应力方程计算。毛细管管壁处剪切应力为$\tau_{\text{w}}=\dfrac{d\Delta p}{4l}$，分别对$\dot{\gamma}_{\text{app}}$和$\tau_{\text{w}}$取自然对数，并进行回归处理，可得到非牛顿指数：$n=\dfrac{\text{dlg}\tau_{\text{w}}}{\text{dlg}\dot{\gamma}_{\text{app}}}$。还需要提醒的是，此处的$n$并非是幂律指数。

根据$\dot{\gamma}_{\text{w}}=\dfrac{\dot{\gamma}_{\text{app}}}{4}\left(3+\dfrac{\text{dlg}\dot{\gamma}_{\text{app}}}{\text{dlg}\tau_{\text{w}}}\right)$，可以计算出毛细管管壁处剪切速率。然后再计算管壁处的黏度。

到这里我们知道，用毛细管测试的数据实际上是管壁处流变数据。将上述的计算过程结果表示在表6-2中。

表6-2 毛细管流变数据

f_1	$\tau_{\text{w},1}$	$\dot{\gamma}_{\text{app},1}$	$\lg\tau_{\text{w},1}$	$\lg\dot{\gamma}_{\text{app},1}$	n_1	$\dot{\gamma}_{\text{w},1}$	η_1
f_2	$\tau_{\text{w},2}$	$\dot{\gamma}_{\text{app},2}$	$\lg\tau_{\text{w},2}$	$\lg\dot{\gamma}_{\text{app},2}$	n_2	$\dot{\gamma}_{\text{w},2}$	η_2
⋮	⋮	⋮	⋮	⋮	⋮	⋮	⋮
f_{n-1}	$\tau_{\text{w},n-1}$	$\dot{\gamma}_{\text{app},n-1}$	$\lg\tau_{\text{w},n-1}$	$\lg\dot{\gamma}_{\text{app},n-1}$	n_{n-1}	$\dot{\gamma}_{\text{w},n-1}$	η_{n-1}
f_n	$\tau_{\text{w},n}$	$\dot{\gamma}_{\text{app},n}$	$\lg\tau_{\text{w},n}$	$\ln\dot{\gamma}_{\text{app},n}$	n_n	$\dot{\gamma}_{\text{w},n}$	η_n

由表6-2的数据在双对数坐标上，可以作出η与τ或者η与$\dot{\gamma}$的流动曲线图。通过不同温度的流动曲线图，可以求出在一定的剪切条件下（剪切速率固定或剪切应力固定），η与温度的关系数据。使用这些数据，通过作图或通过Arrhenius方程，可以很方便地求出等剪切应力流动活化能E_τ和等剪切速率流动活化能E_γ。有关E_τ和E_γ的特点已在第5章做过介绍。

6.2 旋转流变仪

6.2.1 基本结构

旋转流变仪是现代流变仪中的重要组成部分，它依靠旋转运动来产生简单剪切，可以快

速确定材料的黏性、弹性等各方面的流变性能。测量时样品一般是在一对相对运动的夹具中进行简单剪切流动。引入流动的方法有两种：一种是驱动一个夹具，测量产生的力矩，这种方法最早是由 Couette 在 1888 年提出的，也称为应变控制型，即控制施加的应变，测量产生的应力；另一种是施加一定的力矩，测量产生的旋转速度，它是由 Searle 于 1912 年提出的，也称为应力控制型，即控制施加的应力，测量产生的应变。对于应变控制型流变仪，一般有两种施加应变及测量相应的应力的方法：一种是驱动一个夹具，并在同一夹具上测量应力；而另一种是驱动一个夹具，在另一个夹具上测量应力。对于应力控制型流变仪，一般是将力矩施加于一个夹具，并测量同一夹具的旋转速度。在 Searle 最初的设计中，施加力矩是通过重物和滑轮来实现的。现代的设备多采用电子拖曳电动机来产生力矩。

一般商用应力控制型流变仪的力矩范围为 $10^{-7}\sim10^{-1}$ N·m，由此产生的可测量的剪切速率范围为 $10^{-6}\sim10^{3}\,s^{-1}$，实际的测量范围取决于夹具结构、物理尺寸和所测试材料的黏度。实际用于黏度及流变性能测量的夹具的几何结构有同轴圆筒型、锥-板型和平行板型等。它们各有优缺点，适用的对象和范围也存在差别。

6.2.2　锥板

(1) 基本结构　锥板 (cone plate) 结构是黏弹性流体流变学测量中使用最多的几何结构，其结构见图 6-10。通常只需要很少量的样品置于半径为 R 的平板和锥板之间就可以进行测量。一般来说，锥板的顶角很小（通常 $\theta_0<3°$）。在外边界，样品应该有球形的自由表面，即自然鼓出。对于黏性流体，锥板也可以置于平板下方，锥板或平板都可以旋转。在锥顶角很小的情况下，在板间隙内速度沿 θ 方向的分布是线性的，可以表示为：

$$\frac{V_\phi}{r}=\Omega\left[\frac{\frac{\pi}{2}-\theta}{\theta_0}\right] \tag{6-30}$$

式中，Ω 是施加在锥板（或平板）上的旋转角速度；应变速率张量的 $\theta\phi$ 分量的剪切速率为：

$$\dot{\gamma}=\dot{\gamma}_{\theta\phi}=\frac{\sin\theta}{r}\left[\frac{\partial}{\partial\theta}\left(\frac{V_\phi}{\sin\theta}\right)\right]\approx-\frac{\Omega}{\theta_0} \tag{6-31}$$

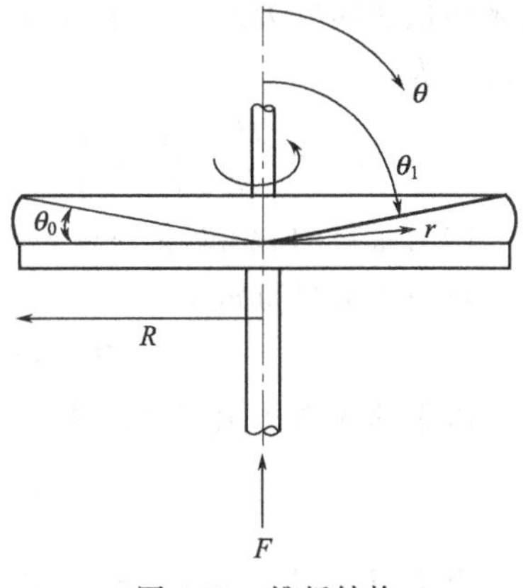

图 6-10　锥板结构

因此，在锥顶角很小的情况下，剪切速率是常数，并且相应的流动为简单剪切流动。这个结果虽然是从牛顿流体得出的，但通常假设对于黏弹性流体也成立。因此绝大多数旋转流变仪的锥-板夹具其锥顶角都小于 3°。

锥板结构是一种理想的流变测量结构，它的主要优点在于：①剪切速率恒定，在确定流变学性质时不需要对流动动力学作任何假设；②测试时仅需要很少量的样品，这对于样品稀少的情况显得尤为重要，如生物流体和实验室合成的少量聚合物；③体系可以有极好的传热和温度控制；④末端效应可以忽略，特别是在使用少量样品，并且在低速旋转的情况下。

当然，锥板结构也存在一些缺点，主要表现在：①体系只能局限在很小的剪切速率范围内，因为在高的旋转速度下，惯性力会将测试样品甩出夹具；②对于含有挥发性溶剂的溶液来讲，溶剂挥发和自由边界会给测量带来较大影响，为了减小这些影响的作用，可以在外边界上涂覆非挥发性的惰性物质，如硅油或甘油，但是要特别注意所涂覆的物质不能在边界上产生明显的应力；③对于多相体系如固体悬浮液和聚合物共混物，如果其中分散相粒子的大小和两板间距相差不大，会引起很大的误差；④锥板结构往往不用于温度扫描实验，除非仪器本身有自动的热膨胀补偿系统。

(2) 黏度的测量　采用锥板结构的旋转流变仪测量黏度时，因为剪切速率在平行板-锥板间隙中是恒定的，因此黏度可以很容易地从扭矩求得。由于剪切应力也是常数，扭矩可以表示为：

$$M = 2\pi\int_0^R \tau_{\theta\phi} r^2\,\mathrm{d}r = \frac{2}{3}\pi R^3 \tau_{\theta\phi} \tag{6-32}$$

由于：

$$\tau_{\theta\phi} = -\eta\dot{\gamma}_{\theta\phi} = -\eta\dot{\gamma} \tag{6-33}$$

则非牛顿黏度为：

$$\eta = \frac{3\theta_0 M}{2\pi R^3 \Omega} \tag{6-34}$$

即黏度与扭矩 M 成正比，而与转速 Ω 成反比。这样的简单关系使得锥板在黏度测量方面得到广泛应用。这里得到的剪切黏度在惯性效应可以忽略的情况下也适用于瞬态剪切流动。

(3) 第一法向应力差的测量　我们知道，对于绝大部分高分子黏弹性流体，第一法向应力差是其黏性流动过程中弹性的体现。由于剪切速率在锥板间距中是恒定的，因此，锥板是用来测量法向应力差的理想结构。忽略惯性力（假设 $\rho V_\theta^2/r\rightarrow 0$），则动力学方程的 r 分量可以表示为：

$$0 = -\frac{\partial P}{\partial r} - \frac{1}{r^2}\times\frac{\partial}{\partial r}(r^2\sigma_{rr}) - \frac{1}{r\sin\theta}\times\frac{\partial}{\partial\theta}(\tau_{r\theta}\sin\theta) - \frac{1}{r\sin\theta}\times\frac{\partial\tau_{r\phi}}{\partial\phi} + \frac{\tau_{\theta\theta}+\tau_{\phi\phi}}{r} \tag{6-35}$$

应力张量的 $r\theta$ 和 $r\phi$ 分量为零。在 r 方向不存在剪切应力，因此流动对于 ϕ 方向是对称的。总应力分量可定义为：

$$\Pi_{rr} = P + \tau_{rr},\ \Pi_{\theta\theta} = P + \tau_{\theta\theta},\ \Pi_{\phi\phi} = P + \tau_{\phi\phi} \tag{6-36}$$

由于总应力张量 $\Pi = P\delta + \sigma$，因此动力学方程的 r 分量可以简化为：

$$0 = -\frac{1}{r^2}\times\frac{\partial}{\partial r}(r^2\Pi_{rr}) + \frac{\Pi_{\theta\theta}+\Pi_{\phi\phi}}{r} \tag{6-37}$$

由于 $\Pi_{rr}-\Pi_{\theta\theta}=\tau_{rr}-\tau_{\theta\theta}$，只是剪切速率的函数，因此法向应力差也只是剪切速率的函数，也是常数。那么：

$$\frac{\partial\ln\Pi_{rr}}{\partial\ln r} = \frac{\partial\ln\Pi_{\theta\theta}}{\partial\ln r} = \frac{\partial(P+\tau_{\theta\theta})}{\partial\ln r} \tag{6-38}$$

这样方程(6-38) 就可以写作法向应力差的形式：

$$\frac{\partial}{\partial\ln r}(P+\tau_{\theta\theta}) = (\tau_{\phi\phi}-\tau_{\theta\theta}) + 2(\tau_{\theta\theta}-\tau_{rr}) = \text{const} \tag{6-39}$$

将上式从 $r=r$ 积分到 $r=R$，可得：

$$\Pi_{\theta\theta}(r) = (P+\tau_{\theta\theta}) = \Pi_{\theta\theta}(R) + [(\tau_{\phi\phi}-\tau_{\theta\theta}) + 2(\tau_{\theta\theta}-\tau_{rr})]\ln\frac{r}{R} \tag{6-40}$$

方程(6-38) 是压力分布的表达式，由于壁压与 $-\ln(r/R)$ 应该是直线关系，其斜率为第一法向应力差和第二法向应力差的组合，因此，通过测量平板或锥板上的轴向力，即可得到第一法向应力差：

$$N_1 = -(\tau_{11}-\tau_{22}) = \frac{2F}{\pi R^2} \tag{6-41}$$

必须指出的是，采用锥板无论是测量黏度还是测量第一法向应力差，前提是线性速度分布必须成立，这就意味着惯性力可以忽略。对于低黏度流体，在旋转速度很高时，离心力变得很重要，并且会出现涡旋或二次流动。即流体在固定板流向中心，而在旋转板流向边界。很明显，此时锥板间的流动不再是简单剪切流动，所测得的扭矩和法向力都要受到惯性力的影响。对于牛顿流体，这会导致偏高的扭矩值和负的法向应力。因此，必须对扭矩和法向应力进行校正，具体的方法这里不再阐述。

6.2.3　平行板

（1）基本结构　与锥板结构相同的是，平行板（parallel plate）结构也主要用来测量熔体流变性能。尽管平行板结构中流场具有不均匀性，但它也有很多优点：①平行板间的距离可以调节到很小，小的间距抑制了二次流动，减少了惯性校正，并通过更好的传热减少了热效应，综合这些因素使得平行板结构可以在更高的剪切速率下使用；②因为平行板上轴向力与第一法向应力差和第二法向应力差（分别为 N_1 和 N_2）的差成正比，而不像锥板中轴向力仅与第一法向应力差成正比，因此可以结合平行板结构与锥板结构来测量流体的第二法向应力差；③平行板结构可以更方便地安装光学设备和施加电磁场，从而进行光流变、电流变、磁流变等功能测试；④在一些研究中，剪切速率是一个重要的独立变量，平行板中剪切速率沿径向的分布可以使剪切速率的作用在同一个样品中得到表现；⑤对于填充体系，板间距可以根据填料的大小进行调整。因此平行板更适用于测量聚合物共混物和填充聚合物体系的流变性能；⑥平的表面比锥面更容易进行精度检查，也较易清洗；⑦通过改变间距和半径，可以系统地研究表面和末端效应。

平行板的结构见图 6-11，它由两个半径为 R 的同心圆盘构成，间距为 h，上下圆盘都可以旋转，扭矩和法向应力也都可以在任何一个圆盘上测量。边缘表示了与空气接触的自由边界。在自由边界上的界面压力和应力对扭矩和轴向应力测量的影响一般可以忽略。这种结构对于高温测量和多相体系的测量非常适宜。一方面，高温测量时热膨胀效应被最小化了；另一方面，平行板间距可以很容易地调节：对于直径为 25mm 的圆盘，经常使用的间距为 1～2mm，对于特殊用途，也可使用更大的间距，且在大间距下，自由边界上的界面效应可以忽略。平行板结构的主要缺点是两板之间的流动是不均匀的，即剪切速率沿着径向方向线性变化。与锥板结构相同的是，在高剪切速率下，测试的材料会被抛出间隙。不过，当间距很小（$h/R \ll 1$）时，或者在低旋转速度下，惯性可以被忽略，稳态条件下的速度分布为：

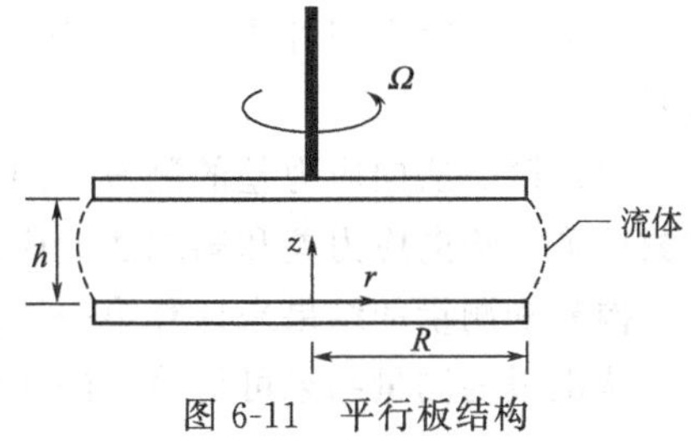

图 6-11　平行板结构

$$V_\theta = \Omega r\left(1-\frac{z}{h}\right) \tag{6-42}$$

剪切速率可以表示为：

$$\dot{\gamma} = \dot{\gamma}_{z\theta} = \Omega\frac{r}{h} \tag{6-43}$$

（2）黏度的测量　对于非牛顿流体，因为剪切速率随径向位置而变化，黏度不再与扭矩成正比。因此需要进行 Rabinowitsch 型的推导。扭矩可写作：

$$M = 2\pi\int_0^R -\tau_{z\theta}(r)r^2\,\mathrm{d}r = 2\pi\int_0^R \frac{\eta(r)\Omega r^3}{h}\mathrm{d}r \tag{6-44}$$

将变量 r 替换成 $\gamma\ (=\Omega r/h)$，再将剪切速率表达式（6-44）代入后对 γ_R 求导，并利用 Leibnitz 法则，可得：

$$\frac{\mathrm{d}\left(\frac{M}{2\pi R^3}\right)}{d\gamma_R}=\eta(\gamma_R)-3\gamma_R^{-4}\int_0^{\gamma_R}\eta(\gamma)\gamma^3\,\mathrm{d}\gamma \tag{6-45}$$

因此，黏度可表示为：

$$\eta(\dot{\gamma}_R)=\frac{M}{2\pi R^3\dot{\gamma}_R}\left[3+\frac{\mathrm{dln}\left(\frac{M}{2\pi R^3}\right)}{\mathrm{dln}\dot{\gamma}_R}\right] \tag{6-46}$$

显然，对于非牛顿流体，首先用 $\ln M$ 对 $\ln\gamma_R$ 作图，然后利用局部斜率即可计算黏度。而对于幂律流体，扭矩可以表示为：

$$M=2\pi m\int_0^R(\dot{\gamma}_{z\theta})^n r^2\,\mathrm{d}r \tag{6-47}$$

由于 $\ln M\approx n\ln\gamma_R$，黏度可以由以下简化的表达式给出：

$$\eta(\dot{\gamma}_R)=\frac{M}{2\pi R^3\dot{\gamma}_R}[3+n] \tag{6-48}$$

（3）第一法向应力差的测量　前面已经说过，在惯性力可以忽略的假设下，剪切速率可以表示为方程（6-42）。进一步假设唯一非零的剪切应力分量为 $\tau_{z\theta}(r)=\tau_{\theta z}(r)$。因此在稳态条件下，同样可以利用动力学方程的 r 分量最终推导出第一法向应力差的近似计算式。这里只给出具体结果，推导过程不再赘述。

$$N_1(\dot{\gamma}_R)=\psi_1(\dot{\gamma}_R)\dot{\gamma}_R^2=\frac{2F}{\pi R^2}\left(1+\frac{1}{2}\times\frac{\mathrm{dln}F}{\mathrm{dln}\dot{\gamma}_R}\right) \tag{6-49}$$

式中，导数可以从 $\ln F$ 与 $\ln\gamma_R$ 曲线的斜率确定。必须指出的是，上述表达式只能得到第一法向应力差近似计算结果，因此，许多研究者们更加偏好采用锥板来测量第一法向应力差。

（4）第二法向应力差的测量　因为锥板结构可以测量第一法向应力差，而平行板结构可以测得第一法向应力差和第二法向应力差的差，因此从原理上讲，可以分别利用锥板和平行板结构分别测量的结果来计算第一法向应力差和第二法向应力差。

从锥板的测量结果可得第一法向应力差：

$$N_1=-(\tau_{11}-\tau_{22})=\frac{2F_{cp}}{\pi R_{cp}^2} \tag{6-50}$$

从平行板的测量结果可以得到法向应力差：

$$N_1(\dot{\gamma}_R)-N_2(\dot{\gamma}_R)=\frac{2F_{pp}}{\pi R_{pp}^2}\left(1+\frac{1}{2}\times\frac{\mathrm{dln}F_{pp}}{\mathrm{dln}\gamma_R}\right) \tag{6-51}$$

式中，下标 cp 表示锥板，pp 表示平行板。显然，利用上述两个方程就可以分别得到第一及第二法向应力差。然而，由于 N_2 远小于 N_1，所以实验很难得到非常精准的结果。

6.2.4　同轴圆筒

（1）基本结构　与锥板和平行板相比，同轴圆筒可能是最早应用于测量黏度的旋转设备，图 6-12 为其结构原理图，两个同轴圆筒的半径分别为 R（外筒）和 KR（内筒），K 为内、外筒半径之比，筒长为 L。一般内筒静止，外筒以角速度 Ω 旋转，采用这种方式的原因是如果内筒旋转而外筒静止，则在较低的旋转速率下，就会出现 Taylor 涡流，这对于实际测量的准确性有很大的影响。选择外筒旋转的目的就是要保证在较大的旋转速率下也尽可能保持筒间的流动为层流。

同轴圆筒间的流场也是不均匀的，即剪切速率随圆筒的径向方向变化。当内、外筒间距很小时，同轴圆筒间产生的流动可以近似为简单剪切流动。因此同轴圆筒是测量中、低黏度均匀流体黏度的最佳选择，但它不适用于高黏度高分子熔体、糊剂和含有大颗粒的悬浮液。现在回过头来再看表 6-1，我们可以更深刻地理解对于旋转流变仪，不同的夹具能够测量的黏度范围是不同的，这归因于不同的结构施加的简单剪切方式不同。

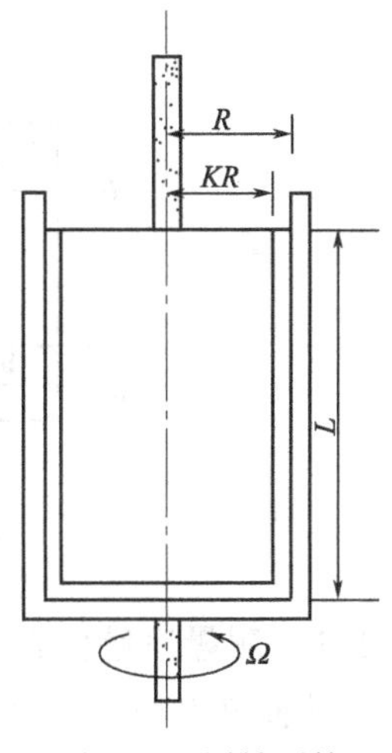

图 6-12　同轴圆筒的结构原理

(2) 黏度的测量　在利用同轴圆筒进行黏度测量时，半径为 KR 的内筒静止，半径为 R 的外筒以角速度 Ω 旋转，假设流动为稳态的、等温的流动，并且忽略末端效应，即假设唯一非零的速度分量为切向速度，并且只是径向位置的函数，通过积分简化的 θ 方向动力学方程，并假设指数定律成立，当同轴圆筒间距很小时（$K>0.97$），即筒间流场的剪切速率可以看作是常数，可以得到流体的黏度：

$$\eta=\frac{M(1-K)}{2\pi R^2 \Omega L} \tag{6-52}$$

具体过程不再推导。不过，当同轴圆筒的间距不是很小时，筒间流场的剪切速率就会发生变化，根据非牛顿黏度的定义，黏度可以分别用内筒壁上的剪切速率和外筒壁上的剪切速率来确定：

$$\eta[\dot{\gamma}_{r\theta}(KR)]=\frac{Mn[1-K^{\frac{2}{n}}]}{4\pi K^2 R^2 L\Omega},\eta[\dot{\gamma}_{r\theta}(R)]=\frac{Mn\left[\left(\frac{1}{K}\right)^{\frac{2}{n}}-1\right]}{4\pi R^2 L\Omega} \tag{6-53}$$

这里的推导是假设内筒静止、外筒旋转，其实这些结果对于内筒旋转、外筒静止的情况也同样适用。而且这些结果是建立在指数定律的基础上的，对于不满足指数定律的流体，幂指数 n 会随角速度 Ω 变化。为了求出非牛顿黏度，幂指数 n 必须采用特定角速度 Ω 下的值，这可以用扭矩 T 和角速度 Ω 的双对数曲线的局部斜率来求得。

以上推导的一个总的前提是同轴圆筒间的流动是层流，也就是不存在二次流动或由离心力引起的涡流。当角速度很大时，会产生称为 Taylor 涡旋的回流。因为这些流动所需的能量要大于层流，使得实际的扭矩要大于预测的值，从而导致测定的黏度值偏大。对于多数应用，流体的黏度足够大时，一直到剪切速率为 $10^4 s^{-1}$，涡流的影响都可以忽略。如果所测试流体的黏度很小（<0.01Pa·s），就必须考虑这些扰动的出现对黏度测量影响的可能性。一种经验性的校正方法类似于毛细管流变仪的 Bagley 校正，即在固定的角速度下，对不同的浸没深度 h 进行实验，然后采用扭矩 M 对浸没深度 h 作图，在 h 轴的截距为校正项 Δh，它等价于由于末端效应产生的额外长度。如图 6-13 所示。

(3) 第一法向应力差的测量　从原理上讲，同轴圆筒也可以用来测量法向应力差，这是基于流动为简单剪切的近似基础上。但实际上在现有的商用流变仪中，还没有能够应用同轴圆筒来测量第一法向应力差系数，因为从技术上讲，准确测量旋转圆筒的曲面壁上的法向应力或压力是非常困难的。因此，这部分内容本书就不再叙述了。

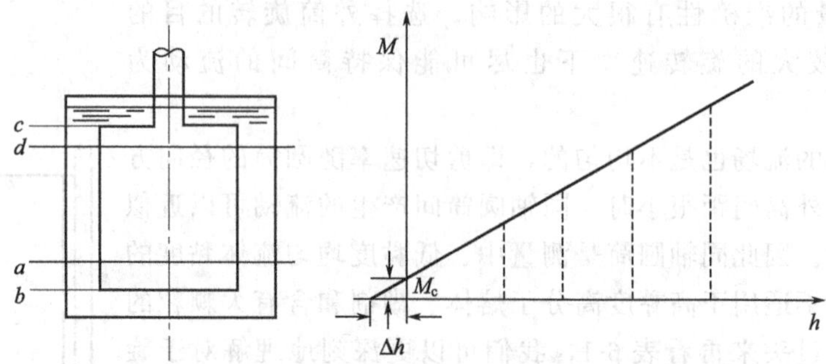

图 6-13　利用不同浸深实验来消除同轴圆筒的末端效应

6.2.5　测量系统的选择

前面已经或多或少的提及，同轴圆筒、锥板和平行板三种不同的测量系统由于自身结构的不同，其测量范围也有所不同，对于给定的旋转流变仪，其转速 Ω 的范围和扭矩 M 响应的范围都是固定的。配备不同的测量系统，将得到不同的测量范围。

对于同轴圆筒，其可测的剪切速率和应力可由下式确定：

$$\dot{\gamma}=\frac{\Omega}{1-K},\ \tau=\frac{M}{2\pi R^2 L} \tag{6-54}$$

对于锥板，其可测的剪切速率和应力可由下式确定：

$$\dot{\gamma}=\frac{\Omega}{\theta_0},\tau=\frac{3M}{2\pi R^3} \tag{6-55}$$

对于锥板，其可测的剪切速率和应力可由下式确定：

$$\dot{\gamma}=\Omega\ \frac{r}{h},\tau=\frac{2M}{\pi R^3} \tag{6-56}$$

因此，如果已知流变仪的转速和扭矩范围，就可确定某种夹具的实际测量范围，从而进一步明确该选择何种结构的夹具进行流变测试。不过有时对于高分子流体，可能存在多种测量系统都适用的情况。虽然不同结构的流变仪可以完成类似的实验，但是选择最合适的测量系统对于得到理想的结果非常重要。三种测量系统各自的优缺点及适用的测量对象已在各自的基本原理部分详述，这里不再重复。

6.2.6　测量模式的选择

除了选择合适的测量系统外，测试时不同的测量模式反映出的信息也不尽相同。根据应变或应力施加的方式，旋转型流变仪的测量模式一般可以分为稳态测试、瞬态测试和动态测试。稳态测试用连续的旋转来施加应变或应力以得到恒定的剪切速率，在剪切流动达到稳态时，测量由于流体形变产生的扭矩。瞬态测试是指通过施加瞬时改变的应变（速率）或应力，来测量流体的响应随时间的变化。动态测试主要指对流体施加周期振荡的应变或应力，测量流体响应的应力或应变。这些工作模式对于旋转流变仪，如同轴圆筒、锥板和平行板夹具都是一致的。

6.2.6.1　稳态模式

(1) 稳态速率扫描　稳态速率扫描通常是在应变控制型流变仪上完成的。稳态速率扫描施加不同的稳态剪切形变，每个形变的幅度取决于设定的剪切速率。实验中所要确定的参数为：温度、扫描模式（对数、线性或离散）、测量延迟时间（从施加当前的剪切速率到测量之间的时间间隔）。这些参数的设置在不同的流变仪中可能会有一些差异，但基本原理都相同。稳态速率扫描可以得到材料的黏度和法向应力差与剪切速率的关系。对于灵敏度很高的流变仪，可以测量到极低剪切速率下的响应，也就可以得到零剪切黏度。

（2）触变循环　触变循环是指对材料施加线性增大再减小的稳态剪切速率。实验中所要确定的参数有：温度、最终剪切速率、达到最终剪切速率的时间。一般可以设置多个连续的区间，第一个区间的初始剪切速率为零，其他区间的初始剪切速率为上一个区间的最终剪切速率。触变循环可以反映材料在不断变化的剪切速率下的黏度变化，因此也就可以反映出材料结构随剪切速率变化的规律。

6.2.6.2　瞬态模式

（1）阶跃应变速率扫描　阶跃应变速率测试是对样品施加阶跃变化但在每个区间却恒定的剪切速率，测量材料应力的响应随时间的变化。实验中所要确定的参数有：剪切速率、温度、取样模式（关于时间为对数或线性）和数据点数目。一般允许有多个连续的测试区间，可以连续地进行不同阶跃应变速率的测试。若剪切速率设定为零，则在数据采集时驱动电机不转动，可以用来研究稳态剪切后的松弛过程。阶跃应变速率测试可以用来确定：①恒定温度下的应力增长和松弛过程；②稳态剪切后的松弛过程。

（2）应力松弛　应力松弛是施加并维持一个瞬态形变（阶跃应变），测量维持这个应变所需的应力随时间的变化。实验中所要确定的参数有：应变、温度、取样模式（关于时间为对数或线性）和数据点数目。应力松弛模量 $G(t)$ 可以通过测得的应力除以常数应变得到。

（3）蠕变　蠕变实验正好与应力松弛相反，它给样品施加恒定的应力，测量样品的应变随时间的变化。实验中所要确定的参数有：应力、温度、取样模式（关于时间为对数或线性）和数据点数目。测得的应变除以施加的应力可以得到蠕变柔量 $J(t)$。一般允许有多个连续的测试区间。蠕变/恢复实验可以通过两个连续的区间完成：第一个区间施加恒定非零的应力，第二个区间施加的应力为零。将可恢复的应变除以施加的应力得到可恢复柔量。这些数据可以来预测材料在负载下的长期行为。若应力足够小，应变为线性响应，这一点得到的柔量为平衡可恢复柔量 J_e^0，可以反映聚合物分子量分布以及末端松弛时间的重要信息。图 6-14 显示了蠕变测量中的主要结果。

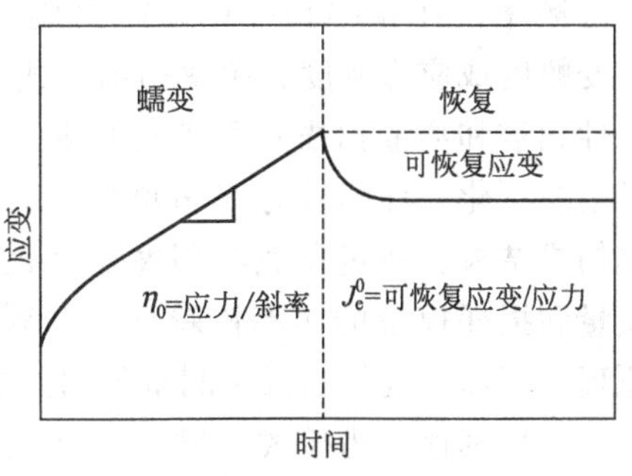

图 6-14　材料的蠕变及恢复实验测量结果

蠕变实验也可以用来测量材料的黏度，只要将施加的应力除以剪切速率（应变-时间曲线线性部分的斜率）。这种确定黏度的方法的优点是它可以得到比动态或稳态方法更低的剪切速率。这就可以方便地测量熔体的零剪切黏度。

6.2.6.3　动态模式

动态模式里流变仪可以控制的变量有多种，如振荡频率、振荡幅度、测试温度和测试时间等。在测试过程中，将其中两项固定，而系统地变化第三项。应变扫描、频率扫描、温度扫描和时间扫描是基本的测试模式，扫描就是在所选择的步骤中，连续地变化某个参数。

（1）动态应变（应力）扫描　动态应变扫描是给样品以恒定的频率施加一个范围的正弦应变或应力，测量材料的贮能模量、损耗模量和复数黏度与应变或应力的关系。每个应变（应力）的峰值是可选的，在每个施加的应变（应力）作连续的测量。应变（应力）的变化

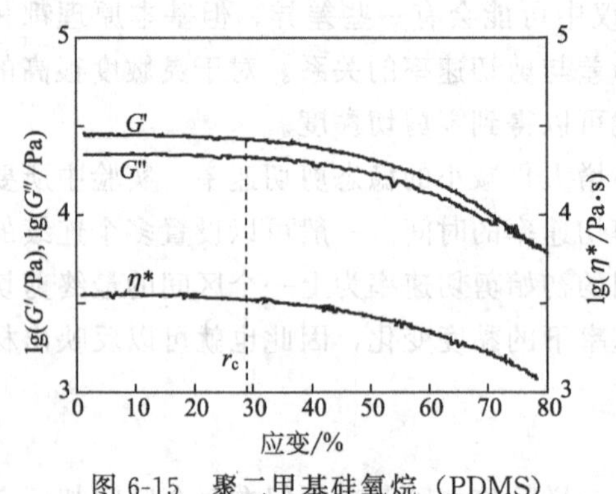

图 6-15　聚二甲基硅氧烷（PDMS）的应变扫描曲线

可以递增或递减，方式可以是对数的或线性的。实验中所要确定的参数有：频率、温度和应变（应力）扫描模式（对数或线性）。一般来讲，黏弹性材料的流变性质在应变（应力）小于某个临界值时与应变无关，表现为线性黏弹性行为；当应变（应力）超过临界应变时，材料表现出非线性行为，并且模量开始下降。如图 6-15 所示。因此贮能模量和损耗模量的应变（应力）依赖性往往是表征材料黏弹行为的第一步，用以确定线性黏弹性的范围。

（2）动态时间扫描　动态时间扫描是在恒定温度下，给样品施加恒定频率的正弦形变，并在预设的时间范围内进行连续测量。实验中所要确定的参数有：频率、应变（应变控制型）或应力（应力控制型）、实验温度、测量间隔时间、测量总时间（依赖于施加的频率）。动态时间扫描可以用来监测材料的化学、热以及力学稳定性。因此与动态应变扫描一样，动态时间扫描往往是表征高分子流体黏弹行为的初始步骤之一，用以确定材料在后续的频率或其他扫描所必需的测试时间中是否保持了化学结构的稳定。稳定性好的样品其动态流变响应可以在很长时间内保持不变，而稳定性差的样品由于发生了降解、交联等化学结构的变化，其动态流变响应就可能随着时间而不断变化。

（3）动态频率扫描　应变控制型流变仪的动态频率扫描模式是以一定的应变幅度和温度，施加不同频率的正弦形变，在每个频率下进行一次测试。对于应力控制型流变仪，频率扫描中设定的是应力的幅度。频率的增加或减少可以是对数的和线性的，或者产生一系列离散的动态频率。在频率扫描中，需要确定的参数是：应变幅度或应力幅度、频率扫描方式（对数扫描、线性扫描和离散扫描）和实验温度。图 6-16 显示了上海石化一种牌号为 Y1600 的聚丙烯的动态频率扫描结果。通过研究在很宽温度范围内的贮能模量和损耗模量的频率依赖性，并利用时温叠加原理，可以得到超出频率测量范围的数据。

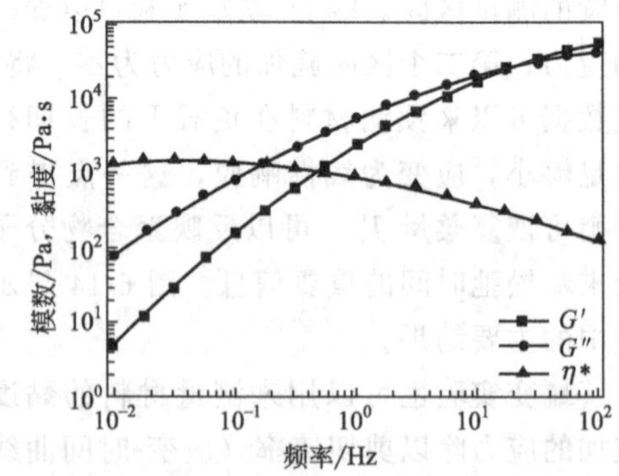

图 6-16　聚丙烯的动态频率扫描结果

（4）其他扫描模式　除了上述动态应变（应力）扫描、动态时间扫描和动态频率扫描三种最经常用到的模式外，现在的旋转流变仪还能够实施许多动态扫描模式，诸如等变率温度扫描、动态单点、瞬态单点、复合波单点、任意波形扫描等，测试结果可以从各个层次反映出聚合物内部分子量及分布、界面松弛行为、介观结构及形态以及宏观流变行为的影响因素等各个方面的信息，从而更加全面地建立内部结构-流动-成型加工的关联。

6.2.7　具体应用

从上面讲述的内容中不难获知，旋转流变仪有不同的测量系统、多种测量模式，具体在测量时可以控制的参数也是多样的，因此，旋转流变仪在高分子材料的结构表征［分子量（M_w）和分子量分布（MWD）、长支链结构、织态结构等］，动、静态黏弹性测试，物理化学变化过程等方面有着广泛的应用。这里不再作为具体的学习内容一一展开。总而言之，旋转流变仪是研究高分子材料性能和结构的一个很好的工具。不同高分子材料的加工与实际应用都与其特定的流变性能相关。例如，材料的可加工性与其黏度、剪切变稀性能、弹性和柔量有关，涂料的涂覆性能与其黏度、剪切变稀、屈服应力、结构回复等性能有关。因此，在开发新材料或对材料性能进行评估时，针对这些最敏感的性能进行研究，往往可以达到事半功倍的效果。这也是当今流变学的最重要的研究方向之一。

6.3　转矩流变仪

6.3.1　基本结构

转矩流变仪是一种多功能、积木式流变测量仪，通过记录物料在混合过程中对转子或螺杆产生的反扭矩随温度和时间的变化，可研究物料在加工过程中的分散性能、流动行为及结构变化（交联、热稳定性等）。它可作为生产质量控制的有效手段。由于转矩流变仪与实际生产设备（密炼机、单螺杆挤出机、双螺杆挤出机等）结构类似，且物料用量少，所以可在实验室中模拟混炼、挤出等工艺过程，特别适合于生产配方和工艺条件的优选。

如图 6-17 所示，转矩流变仪的基本结构可分为三部分：微机控制系统，用于实验参数的设置及实验结果的显示；机电驱动系统，用于控制实验温度、转子速度、压力，并记录温度、压力和转矩随时间的变化；可更换的实验部件，一般根据需要配备密闭式混合器或螺杆挤出器。密闭式混合器相当于一个小型的密炼机，其结构如图 6-17(b) 的虚框部分所示。混合器由一个“∞”形的可拆卸混合室和一对以不同转速、相向旋转的转子组成。在混合室内，转子相向旋转，对物料施加剪切，使物料在混合室内被强制混合；两个转子的速度不同，即存在速比，在其间隙中发生分散性混合。密炼室内具体的结构组成如图 6-17(c) 所示。

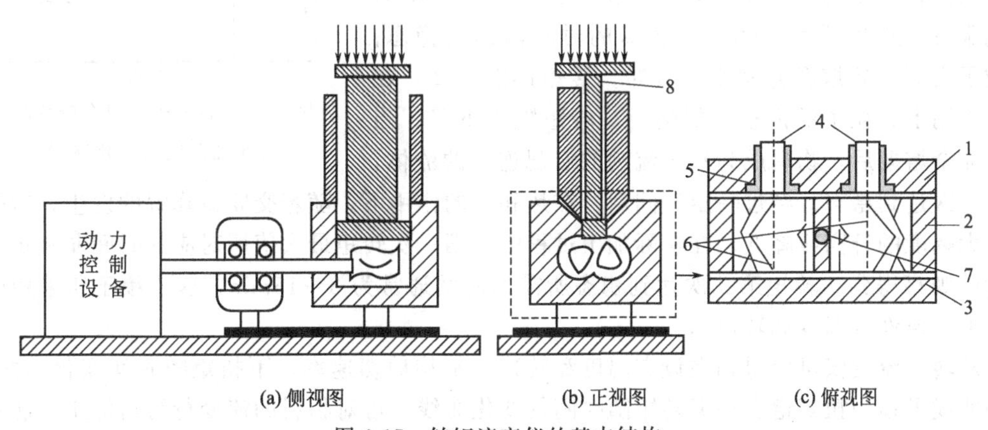

图 6-17　转矩流变仪的基本结构

1—密炼室后座；2—密炼室中部；3—密炼室前板；4—转子传动轴承；5—轴瓦；6—转子；7—熔体热电偶；8—上顶栓

转子是转矩流变仪中对物料进行混合、混炼的核心部件。通常有四种不同类型的转子，如图 6-18 所示。它们分别适用于不同的材料和剪切范围。

① 轧辊转子（roller blade）：适于热塑性塑料、热固性塑料的混合，可测试材料的黏性、交联反应和剪切/热应力。

图 6-18　常用的转矩流变仪的转子

② 凸轮转子（cam blade）：适于在中等剪切范围内对热塑性塑料和橡胶进行混合和测试。

③ 班布利转子（Banbury blade）：适于天然橡胶、合成橡胶及混炼胶的混合与测试。

④ 西格玛转子（Sigma blade）：适于在低剪切范围内对粉料进行混合，可测试其混入性能。

此外，现今一些新型号的转矩流变仪前端还配备了螺杆挤出器甚至一些板材压延、吹膜、拉膜装置。螺杆挤出器则相当于一个小型的挤出机，可配备不同的螺杆和口模，以适应不同类型材料的测试研究。通过测量扭矩、温度及观察挤出物的外观，可直观地了解螺杆转速、各区段温度分布对物料挤出性能的影响。而成型装置可以实时地将物料的流变性能与成型结合起来，更好地优化物料的挤出和成型工艺。

6.3.2　基本原理

6.3.2.1　扭矩谱

采用混合器测试时，高分子粒料或粉末自加料口加入到混炼室中，物料受到上顶栓的压力，并且通过转子表面与混合室壁之间的剪切、搅拌、挤压，转子之间的捏合、撕扯，转子轴向翻捣、捏炼等作用，实现物料的塑化、混炼，直至达到均匀状态。其基本工作原理与密炼机相同。

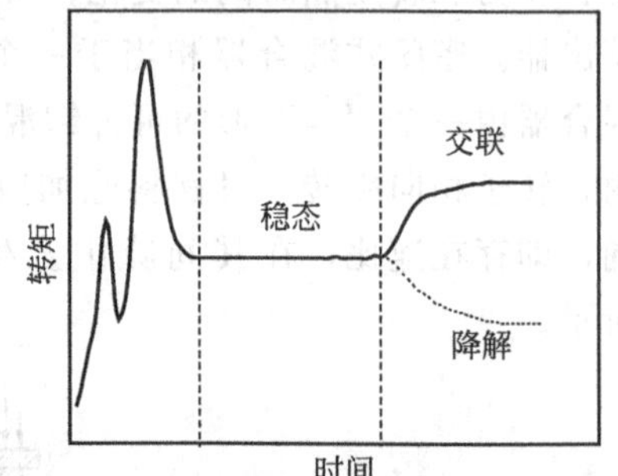

图 6-19　高分子材料在密炼时转矩随时间的变化曲线

图 6-19 是高分子物料混炼过程中的转矩随时间的变化曲线，它描述了高分子在密炼过程中经历的热机械历史：高聚物被加入到混炼室中时，自由旋转的转子受到来自固体粒子或粉末的阻力，转矩急剧上升；当此阻力被克服后，转矩开始下降并在较短的时间内达到稳态；当粒子表面开始熔融并发生聚集时，转矩再次升高；在热的作用下，粒子的内核慢慢熔融，转矩随之下降；当粒子完全熔融后，物料成为易于流动的宏观连续的流体，转矩再次达到稳态；经过一定时间后，在热和力的作用下，随着交联或降解的发生，转矩会有较大幅度的升高或降低。在实际加工过程中，第一次转矩最大值所对应的时间非常短，很少能够观察得到。转矩第二次达到稳态所需的时间通常为 3～15min，这依赖于所采用的材料和加工条件（温度和转速）。

从转矩流变仪可以得到在设定温度和转速（平均剪切速率）下扭矩随时间变化的曲线，这种曲线可称为扭矩谱。根据转矩随时间的变化曲线，可对物料的流变行为与加工性能进行评价：转矩的绝对值直接反映了物料的性质及其表观黏度的大小；转矩随时间的变化则反映了加工过程中物料均匀程度的变化及其化学、物理结构的改变。除此以外，还可同时得到温度曲线、压力曲线、总扭矩曲线等信息。在不同温度和不同转速下进行测定，可以了解加工性能与温度、剪切速率的关系。

不过，由于扭矩谱是在特定的设备和条件下测得的，因此与在其他设备和条件下测得的结果没有可比性。要进行比较，作分析评价，必须在相同设备上进行，有目的地设定或改变条件以使数据有可比性。显然，要使扭矩谱有实际意义，必须建立起数据库，将由扭矩流变仪得到的数据，如实验温度、转子转速、剪切时间、配方等与实际生产中得到材料的性能联系起来。

有时可将生产出的性能优异的高分子材料作为“标准材料”，用扭矩流变仪测得“标准扭矩谱”。在质量控制时，它作为参照物可发现某材料在扭矩谱上的偏差，然后再改变配方，如改变树脂类型、分子量及其分布，改变润滑剂种类、用量等来进行纠正。扭矩谱的分析比较需要积累大量实验数据和经验，实践证明，这种方法对产品控制质量、新产品开发是十分有力的工具。

6.3.2.2 转矩与转速

由于混合器的转子形状复杂，两转子的转速也不同，因此混合器室内不同空间位置的物料单元所受的剪切应力和剪切速率也不同，为简化问题起见，引入下述关系：

$$\bar{\dot{\gamma}}=C_1N$$
$$\bar{\tau}=C_2M \tag{6-57}$$

式中，$\bar{\dot{\gamma}}$ 为平均剪切速率；$\bar{\tau}$ 为平均剪切应力；N 是转速；M 为转矩；C_1、C_2 为常数。采用幂律模型描述物料的流变行为，则可得到转矩与转速的关系：

$$M=KmN^n=Km_0\exp(\Delta E/RT)N^n=K'\exp(\Delta E/RT)N^n \tag{6-58}$$

即：

$$\ln M=\ln K'+\frac{\Delta E}{R}T^{-1}+n\ln N \tag{6-59}$$

其中：

$$K=\frac{C_1^n}{C_2},K'=m_0\frac{C_1^n}{C_2} \tag{6-60}$$

式中，ΔE 为活化能；R 为气体常数；T 为温度；m 为稠度系数；n 为非牛顿指数；m_0、K、K'为常数。显然，根据系统自动记录的转矩 M、温度 T 和转速 N，利用多元回归分析可得到 ΔE 和 n、K'。但困难在于常数 K、C_1、C_2 无法确定。

然而对于密闭混合器而言，物料通常并不是完全充满混合器内腔，而是以一定的比例进行填充，这要视物料自身密度、形状、粒度等参数而定。填充系数的取值范围大约为65%～90%，而在实际操作中通常取 70%。因此物料实际受到的剪切必须考虑填充率的因素。此外，物料在混炼过程中，由于摩擦生热导致物料温度随时间延长而升高。对高聚物而言，其黏度会随温度的升高而降低，从而导致转矩下降。因此要对温度效应进行补偿。这些内容就不再展开了。

6.3.2.3 操作方法

不同公司出产的转矩流变仪其操作方法在细节上略有不同，但基本步骤一般相同，简单列举如下。

① 连接：包括将密炼机或挤出机连接到扭矩传感器，以及连接电源线和热电偶。

② 开空压机。

③ 开电源。

④ 参数设置：包括定义实验名称，设置最长工作时间和最大扭矩，设置温度、转速以及设置屏幕监测参数和报警参数等。

⑤ 校正：主要是对扭矩传感器进行校正，校正最好在温度已达到设定值后进行，对于密炼机，最好在设定的转速下进行校正。

⑥ 样品测试和数据收集。

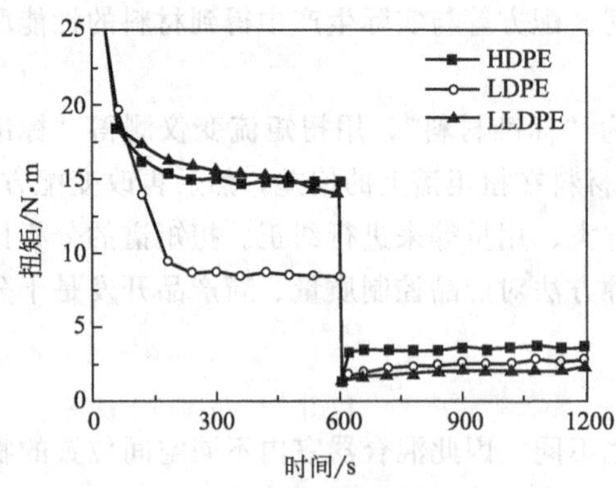

图 6-20　三种分子形态不同的聚乙烯的扭矩曲线

实验条件：加工温度为 200℃；转速分为两个时间段，第一段（0～10min）为 150r/min，第二段（10～20min）为 5r/min

⑦ 清洗和关机。

6.3.3　基本应用

随着人们对转矩流变仪应用研究的深入和功能的拓展，它已成为高分子实验流变学中不可缺少的重要工具，可广泛用于原材料、生产工艺的研究、开发与产品质量控制等领域。在这里，我们举一些简单的例子来说明转矩流变仪的应用。

6.3.3.1　高分子本体材料的结构分析

许多高分子有不同的分子结构和链形态。比如聚乙烯就有高密度聚乙烯（HDPE）和低密度聚乙烯（LDPE），分别为线性长链和带支链的长链分子结构。而低密度聚乙烯中支链短而密度大的又称为线形低密度聚乙烯（LLDPE）。三种不同结构的聚乙烯其密炼过程中的扭矩曲线也不同，如图 6-20 所示。

从图 6-21 中可以看出，高转速时支链短而多的 LLDPE 的扭矩曲线最高，而支化程度较小的 LDPE 的扭矩曲线最低；此外，LLDPE 比 HDPE 的剪切敏感性更强，两条扭矩曲线在 10min 的高转速混合期间发生了交叉，这在其他流变实验中是难以观察到的。而在低转速条件下，LLDPE 和 LDPE 的扭矩曲线的位置发生了交换，这与前面章节中我们所讨论的支链种类对体系黏度的影响一致。由此即可利用转矩流变仪把不同的聚乙烯区分开来。

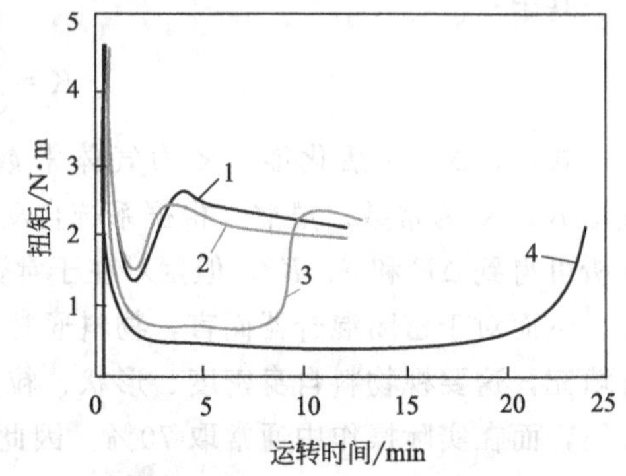

图 6-21　不同类型稳定剂对 PVC 干混料加工稳定性的影响

1—CaZn 稳定剂；2—1# Pb 稳定剂；3—2# Pb 稳定剂；4—3# Pb 稳定剂

6.3.3.2　不同类型稳定剂的研究

大多数高聚物在加工时要加入各种助剂，而利用转矩流变仪可研究不同用量、不同类型的加工助剂对高聚物加工性能的影响，从而为选择稳定剂种类、确定最佳用量提供依据。图 6-22 是不同类型稳定剂对 PVC 稳定性能的影响，可以看出，CaZn 和 1# Pb 两种稳定剂所对应的转矩出现升高的时间较短，而 3# Pb 稳定剂对应的转矩出现升高的时间最长，因此 3# Pb 的稳定效果最好。可见，利用转矩流变仪可模拟实际加工过程，为选择合适的稳定剂提供依据。

利用转矩流变仪还可研究不同用量稳定剂对 PVC 塑化性能的影响。从图 6-23 中可以看出，随着稳定剂用量的增加，塑化峰出现的时间延长，但三条扭矩曲线最终都重合在一起，表明最终的混合效果相同。需要注意的是，转矩流变仪的总功率（总扭矩）随稳定剂用量的增加而减小，这意味着稳定剂用量的增加对降低能耗是非常有利的。

6.3.3.3　加料顺序的优化

高聚物在加工时加入的助剂种类繁多，不仅是助剂的种类与用量，不同助剂的加入顺序对材料加工成型和制品的最终性能的影响也非常大。而利用转矩流变仪研究不同加料顺序对混炼过程能量消耗的影响，即可为降低能耗、优化加工工艺提供依据。

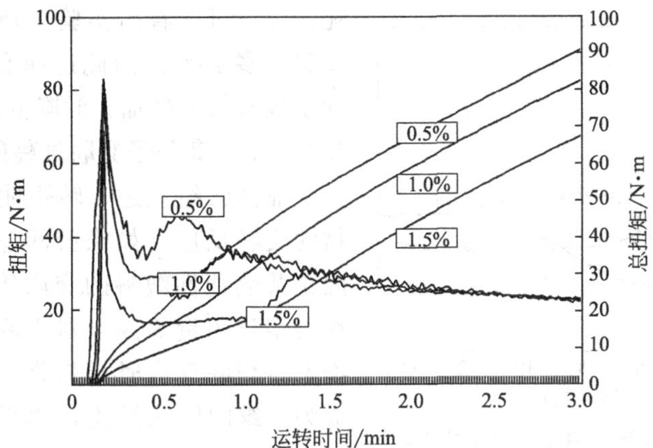

图 6-22　不同用量稳定剂对 PVC 塑化性能的影响

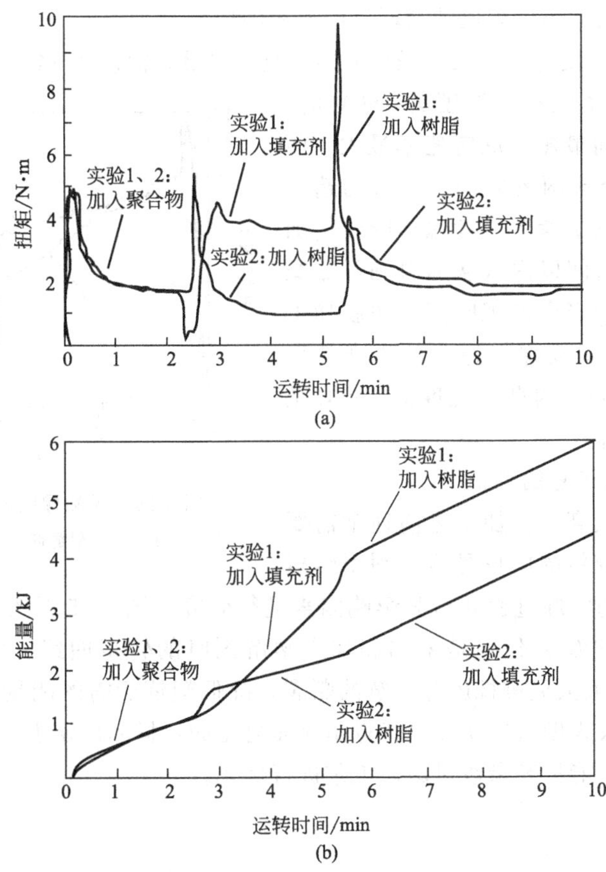

图 6-23　不同加料顺序时的能量输入变化曲线

实验条件：温度为 150℃，转速为 40r/min，填充量为 75g

图 6-24 是不同加料顺序时转矩、输入机械能随时间的变化曲线。从图中可以看出，实验 1、2 的第一段（0～2min）曲线重合，表明此实验方法具有很好的可重复性；在实验的第二段，实验 1 中加入填充剂，而实验 2 中则加入树脂，可以看出，加入填充剂后的转矩是加入树脂的 4 倍；在实验的第三段，实验 1 中加入树脂，而实验 2 中加入填充剂，此时两个实验的转矩曲线再度重合，表明两者最终产物的黏度是相同的。通过对比两个实验的能量消

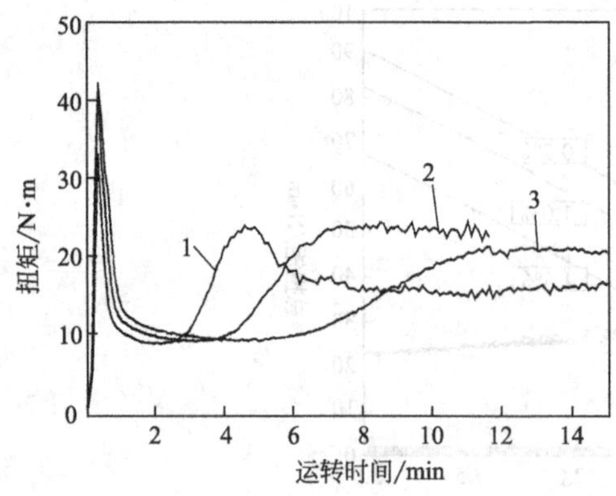

图 6-24　温度对交联聚乙烯反应速率的影响
1—160℃；2—150℃；3—140℃

耗曲线，可以看出实验 1 所消耗的能量大约比实验 2 多 40%。因此选择实验 2 的加料次序有利于该材料成型加工时降低能耗，节约成本。

6.3.3.4　高分子交联过程的研究

前面已经说过，转矩曲线可用来研究高聚物的交联反应（如橡胶的硫化、热固性塑料的固化及热塑性塑料的交联等）以及温度、交联剂类型与用量等因素对交联反应的影响。高聚物发生交联反应时，其分子链由线性结构转变成为三维的网状结构，体系的黏度增大，转矩也随之升高，因此可采用转矩曲线出现上升作为交联反应开始的标志。此外，转矩上升的速率（切线的斜率）的大小可以反映交联反应速率的快慢。

图 6-24 是不同温度对聚乙烯交联反应的影响。显然，温度为 140℃时，交联反应开始的时间最长，反应速率最小；温度为 160℃时，交联反应开始的时间最短，反应速率最大；而温度为 150℃时则介于两者之间。这就为选择合适的反应温度提供了参考。考虑到既要使加工时间在安全加工时间以内（从加料到开始交联所需要的时间作为安全加工时间，橡胶加工中称为焦烧时间），又要保持适当的生产效率（反应速率不能太小），因此，温度为 150℃是比较适宜的反应条件。

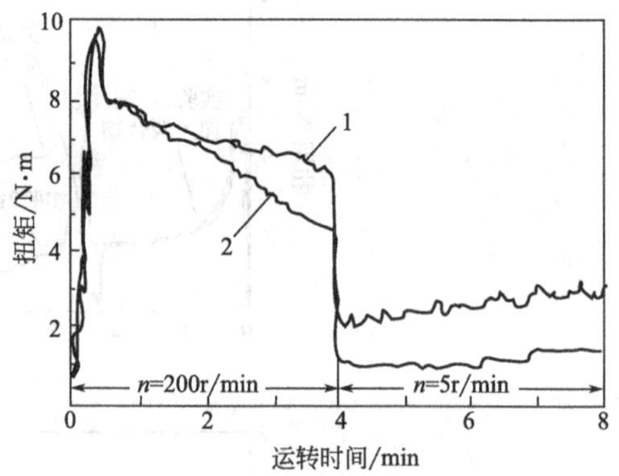

图 6-25　天然橡胶塑炼时的转矩曲线
1—未加塑解剂；2—加入塑解剂

6.3.3.5　橡胶塑炼过程的模拟

橡胶的分子量较高，在加工之前通常需要进行塑炼，以降低胶料的门尼黏度。利用转矩流变仪可模拟橡胶的塑炼过程并对其影响因素进行研究。图 6-25 是天然橡胶的塑炼转矩曲线，其中曲线 1 和曲线 2 分别是未加和加入塑解剂时的转矩曲线。可以看出，仅仅加入 0.5%的塑解剂就可大大促进橡胶分子链的断裂，降低塑炼所需的能量。对于配方工作者而言，采用转矩流变仪来做对比实验，优点是显而易见的：样品用量少，减少了实验费用；而且还可用塑炼所需的能量等参数对塑炼工艺进行优化。

第 7 章　流体的运动方程及应用

前面已经介绍过，高分子流体可以看作连续介质来处理，由连续的、具有确定质量的众多微小质点所组成。广义上说，连续介质的流动属于输运过程的范畴。在输运过程中存在着质量守恒、动量守恒和能量守恒，由此可得到流体动力学的三大基础方程：连续性方程、运动方程和能量方程。高分子流体的流变过程与其他流体输运过程的主要差别在于高分子流体是一种特殊的非牛顿型流体，表现出与众不同的非线性黏弹性。为了定量地研究高分子材料加工工程中的流动规律，为高分子材料的加工工艺设计、模具和设备的设计提供系统的指导，有必要进一步学习描述高分子流体输运过程的基本方程及其物理意义。在聚合物加工中，基本守恒方程包括：连续性方程、动力学方程、能量方程和传质方程。连续性方程表现了质量守恒原理，是流体动力学的基础。

在推导方程之前，我们先介绍一些基本的算子和运算方法。

（1）微分算子（∇ 算子），又称哈密顿（Hamiltonian）算子：

$$\nabla = i\frac{\partial}{\partial x}+j\frac{\partial}{\partial y}+k\frac{\partial}{\partial z}$$

或：

$$\nabla = e_i\frac{\partial}{\partial x_i}=e_1\frac{\partial}{\partial x_1}+e_2\frac{\partial}{\partial x_2}+e_3\frac{\partial}{\partial x_3}$$

（2）拉普拉斯（Laplacian）算子：

$$\Delta=\nabla * \nabla=\nabla^2$$

展开：

$$\Delta=i\frac{\partial^2}{\partial x^2}+j\frac{\partial^2}{\partial y^2}+k\frac{\partial^2}{\partial z^2}$$

或：

$$\Delta=\frac{\partial^2}{\partial x_i^2}=\frac{\partial^2}{\partial x_1^2}+\frac{\partial^2}{\partial x_2^2}+\frac{\partial^2}{\partial x_3^2}$$

如果：

$$\frac{\partial^2 u}{\partial x_1}+\frac{\partial^2 u}{\partial x_2}+\frac{\partial^2 u}{\partial x_3}=0$$

即：

$$\nabla^2 u=0,\quad \Delta u=0$$

即为拉普拉斯方程。

（3）梯度

标量的梯度：$\mathrm{grad}\mu=\nabla\mu$，$\nabla\mu$ 为矢量；

矢量的梯度：$\mathrm{grad}\boldsymbol{\mu}=\nabla\boldsymbol{\mu}$，$\nabla\boldsymbol{\mu}$ 为二阶矢量，即张量；

$$\nabla\mu=\left(i\frac{\partial}{\partial x}+j\frac{\partial}{\partial y}+k\frac{\partial}{\partial z}\right)\mu=i\frac{\partial\mu}{\partial x}+j\frac{\partial\mu}{\partial y}+k\frac{\partial\mu}{\partial z}$$

（4）散度

div$\boldsymbol{\mu}$=$\nabla\cdot\boldsymbol{\mu}$，$\nabla\cdot\boldsymbol{\mu}$为零阶矢量，即标量；

$$\nabla\cdot\boldsymbol{\mu}=\left(i\frac{\partial}{\partial x}+j\frac{\partial}{\partial y}+k\frac{\partial}{\partial z}\right)\cdot(\mu_x i+\mu_y j+\mu_z k)=\frac{\partial\mu_x}{\partial x}+\frac{\partial\mu_z}{\partial y}+\frac{\partial\mu_z}{\partial z}$$

（5）旋度

curl$\boldsymbol{\mu}$=$\nabla\times\boldsymbol{\mu}$，$\nabla\times\boldsymbol{\mu}$为矢量；

$$\nabla\times\boldsymbol{\mu}=\begin{vmatrix} i & j & k \\ \frac{\partial}{\partial x} & \frac{\partial}{\partial y} & \frac{\partial}{\partial z} \\ \mu_x & \mu_y & \mu_z \end{vmatrix}=\left(\frac{\partial\mu_z}{\partial y}-\frac{\partial\mu_y}{\partial z}\right)i+\left(\frac{\partial\mu_x}{\partial z}-\frac{\partial\mu_z}{\partial x}\right)j+\left(\frac{\partial\mu_y}{\partial x}-\frac{\partial\mu_x}{\partial y}\right)k$$

7.1 连续方程

下面我们来推导连续性方程。以简单的直角坐标系（x,y,z）为例，图 7-1 给出了流动场中的一个无限小体积微元。现设：ρ 为流体的密度；V 为流动体系的体积；微元体积 $\mathrm{d}V=\mathrm{d}x\cdot\mathrm{d}y\cdot\mathrm{d}z$，$V$ 是在流场中任意取的；S 为假想面；u 为流体的流速，u_x、u_y、u_z 分别为 x、y、z 方向上的流体流速分量。

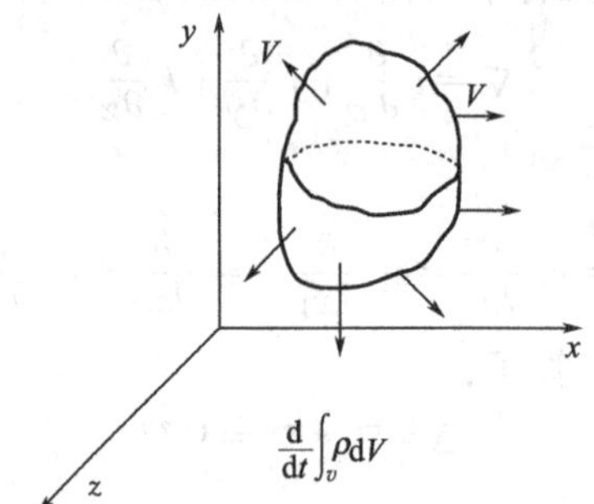

图 7-1 流动场中的一个无限小的体积微元

根据图 7-2 所示的质量守恒原理，我们可以建立一体积元的质量平衡表达式如下：

流进质量=流出质量+质量变化率

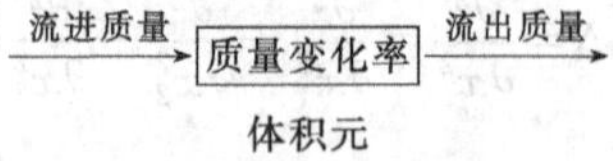

流进质量 → 质量变化率 → 流出质量

体积元

图 7-2 质量守恒原理

显然，假如单组分系统在流动过程中没有化学变化，设质量变化率增加为正，减少为负，则：

（流出质量－流进质量）+质量变化率=0

（1）质量变化率

$$\frac{\partial\rho}{\partial t}\mathrm{d}x_1\mathrm{d}x_2\mathrm{d}x_3$$

（2）流动引起的质量变化（流体携带的质量）

x_1 分量（通过与 x_1 垂直的平面的量）：

$$\begin{aligned}[\rho u_1\mathrm{d}x_2\mathrm{d}x_3]_{x_1=\mathrm{d}x_1}-[\rho u_1\mathrm{d}x_2\mathrm{d}x_3]_{x_1=0} &= [(\rho u_1)_{x_1=\mathrm{d}x_1}-(\rho u_1)_{x_1=0}]\mathrm{d}x_2\mathrm{d}x_3 \\ &=\delta(\rho u_1)\mathrm{d}x_2\mathrm{d}x_3 \\ &\doteq\frac{\partial(\rho u_1)}{\partial x_1}\mathrm{d}x_1\mathrm{d}x_2\mathrm{d}x_3\end{aligned}$$

式中，ρu_1 称为质量通量。同样可以求得：

x_2 分量的表达式：　　$\dfrac{\partial(\rho u_2)}{\partial x_2}\mathrm{d}x_1\mathrm{d}x_2\mathrm{d}x_3$

x_3 分量的表达式：　　$\dfrac{\partial(\rho u_3)}{\partial x_3}\mathrm{d}x_1\mathrm{d}x_2\mathrm{d}x_3$

根据上述质量平衡表达式，可得：

$$\left[\frac{\partial(\rho u_1)}{\partial x_1}+\frac{\partial(\rho u_2)}{\partial x_2}+\frac{\partial(\rho u_3)}{\partial x_3}\right]\mathrm{d}x_1\mathrm{d}x_2\mathrm{d}x_3+\frac{\partial\rho}{\partial t}\mathrm{d}x_1\mathrm{d}x_2\mathrm{d}x_3=0$$

$$\frac{\partial\rho}{\partial t}+\frac{\partial(\rho u_1)}{\partial x_1}+\frac{\partial(\rho u_2)}{\partial x_2}+\frac{\partial(\rho u_3)}{\partial x_3}=0$$

得到连续性方程式：

$$\frac{\partial\rho}{\partial t}+\frac{\partial(\rho u_i)}{\partial x_i}=0 \tag{7-1}$$

用矢量表述法表示，连续性方程可写成：

$$\frac{\partial\rho}{\partial t}+\nabla\cdot\rho\boldsymbol{u}=0$$

$$\frac{\partial\rho}{\partial t}+\rho\nabla\cdot\boldsymbol{u}+\boldsymbol{u}\cdot\nabla\rho=0 \tag{7-2}$$

令$\dfrac{\partial\rho}{\partial t}+\boldsymbol{u}\cdot\nabla\rho\equiv\dfrac{\mathrm{D}\rho}{\mathrm{D}t}$，连续性方程可写成：

$$\frac{\mathrm{D}\rho}{\mathrm{D}t}+\rho\nabla\cdot\boldsymbol{u}=0$$

$$\frac{\mathrm{D}\rho}{\mathrm{D}t}+\rho\frac{\partial u_i}{\partial x_i}=0 \tag{7-3}$$

式中，$\dfrac{\mathrm{D}}{\mathrm{D}t}=\dfrac{\partial}{\partial t}+u_i\dfrac{\partial}{\partial x_i}=\dfrac{\partial}{\partial t}+\boldsymbol{u}\cdot\nabla$，称为随体时间导数（物质导数），又称 Stokes 导数（微商）。显然，对于不可压缩流体，$\nabla\rho=0$，$\dfrac{\partial\rho}{\partial t}=0$，则$\dfrac{\mathrm{D}\rho}{\mathrm{D}t}=0$，则不可压缩流体的连续性方程为：

$$\nabla\cdot\boldsymbol{u}=0$$

$$\frac{\partial u_i}{\partial x_i}=0 \tag{7-4}$$

$\dfrac{\mathrm{D}\rho}{\mathrm{D}t}$是由两项组成。在一流场中，$\dfrac{\partial\rho}{\partial t}$代表场的非定常性所引起的局域变化，称为“局部导数”或“当地导数”；$u_i\dfrac{\partial\rho}{\partial x_i}$为场的非均匀性所引起的变化，或称为 u_i 引起的对流项，也称为“对流导数”或“迁移导数”。$\dfrac{\partial\rho}{\partial t}=0$，表示局域不变；$u_i\dfrac{\partial\rho}{\partial x_i}=0$，表示对流不变。$\dfrac{\partial\rho}{\partial t}+u_i\dfrac{\partial\rho}{\partial x_i}=0$，表示随体不变。不可压缩流体具有随体不变的性质，即$\dfrac{\mathrm{D}\rho}{\mathrm{D}t}=0$。

连续性方程作为流体动力学的基础方程之一，已广泛应用于高分子流体的各种加工及输运过程。不过，在推导连续性方程时，并没有作更多的假设，所以它在流体动力学、流变学中，适用于理想流体（无黏度的假想流体）、实际流体（牛顿型的或非牛顿型的，可压缩的或不可压缩的），适用于定常流动（即流动场内各运动参数与时间无关的运动），也适用于不定常流动的每一瞬间。

7.2 动量方程

在聚合物的加工过程中，物料的流动总伴随着动量的变化，因此，从动量守恒的角度，可以研究流速分布等流变性质。要清楚流动过程中动量变化的基本情况，首先应该明确作用在流体体积微元上的力的种类和性质。

一般而言，作用在流体上的力可分为两大类：质量力（或称体积力）和表面力（或称面力）。

（1）质量力（体积力） 流体受到的“与其质量或体积成正比”的力，称为质量力或体积力。这种力作用在流体的每一个微团上。例如，重力、惯性力、电磁力等均为质量力。后面推导公式时将用到，单位体积的重力 W 可表示为密度 ρ 与重力加速度 a 的乘积，$W=\rho a$。

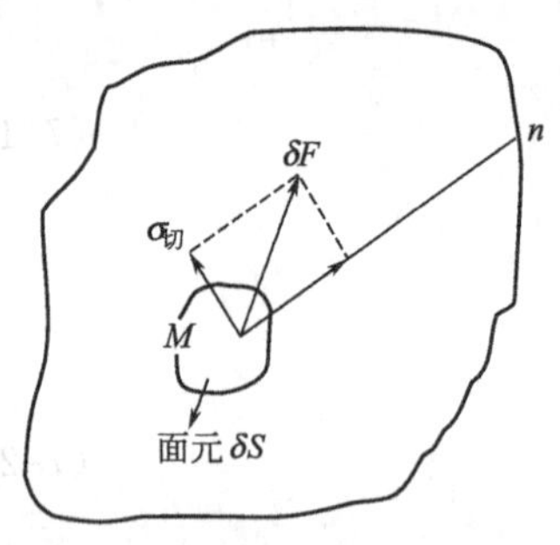

图 7-3 沿给定方向 n，通过点 M 的一个面元 δS

（2）表面力（面力） 简单地说，作用于流体表面微团上的力称为表面力。图 7-3 给出了运动流体中一个沿给定方向 n，通过点 M 的平面，并取此平面中包围点 M 的一个面元 δS。可知，此表面一侧的流体必然对另一侧的流体有一作用力 δF，根据作用与反作用定律，另一侧的流体也必然给予前者一个大小相等方向相反的作用力。通常，在分析流体受力情况时，并不是用平面将流体分为两部分，而是从流体中用曲面 S 分隔出一部分体积，这样，其周围相邻物体（流体或固体）对隔出部分流体的作用力也是表面力。

表面应力可以这样定义，以法线 n 为方向，包围点 M 的面元 δS 上的表面力 δF，其极限就是 M 点处的表面应力 $\sigma(n)$（图 7-3）。即：

$$\sigma(n)=\lim_{\delta S\to 0}\frac{\delta F}{\delta S} \tag{7-5}$$

应当指出，包围点 M 的面元面积 δS 是有方向的，因此表面应力 σ 的值随面元（作用面）取向的不同而不同，即表面应力是面元法向单位矢量 $\boldsymbol{n}$ 的函数，记为 $\sigma(n)$ 或 σ_n。这是表面应力的一个很重要的特性。

根据动量衡算，作用于一个体积元上的力应等于该体积元在单位时间内动量的增量。因此，对于流体中某一个体积微元，在单位时间内，动量的累积量应等于由于质量转移而净入的动量与“白力”引起的动量增量之和，即：

动量的累积量=(入动量－出动量)+力

显然，作用于一体积元的可能的力包括：①表面应力；②重力；③流体携带的动量通量；④体积元内动量变化率；⑤其他力，如电力、磁力等。为推导方便起见，可与连续性方程推导相类似，先把流体的一个体积微元用 S 面分成两组平面，将所有作用于流体体积元的同一方向上的求平衡，如图 7-4 所示。

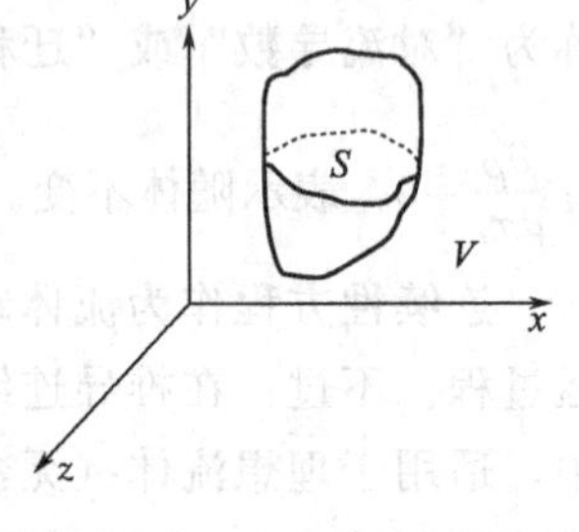

图 7-4 一个体积微元被 S 面分成两组平面

单位体积动量： ρV

所有粒子动量： $\int_V \rho V \mathrm{d}V$

单位元动量增加率：　　　$\frac{d}{dt}\int_V \rho V dV$

还有两种力作用在流体元上，即面力 F 和体力 G，因此：

$$\frac{d}{dt}\int_V \rho V dV = F + G$$

总的体力 G 为：

$$G = \int_V \rho g dV$$

式中，g 为重力加速度。

由柯西定律可知，总的面力 F 为：

$$F = \int_S (n \cdot \sigma) dS$$

式中，σ 为应力张量；$n \cdot \sigma$ 为单位面积表面力；n 为法向单位矢量。那么：

$$\frac{d}{dt}\int_V (\rho V) dV = \int_S (n \cdot \sigma) dS + \int_V (\rho g) dV$$

因为：

$$\frac{d}{dt}\int_V (\rho V) dV = \int_V \rho \frac{DV}{Dt} dV$$

$$\int_S (n \cdot \sigma) dS = \int_V (\nabla \cdot \sigma) dV$$

则有：

$$\int_V \rho \frac{DV}{Dt} dV - \int_V (\nabla \cdot \sigma) dV - \int_V (\rho g) dV = 0$$

$$\int_V \left[\rho \frac{DV}{Dt} - (\nabla \cdot \sigma) - \rho g\right] dV = 0$$

即：

$$\int_V \left[\rho \frac{DV}{Dt} - (\nabla \cdot \sigma) - \rho g\right] dV = 0 \tag{7-6}$$

这就是动量方程。在静力学过程中，考虑到流动过程的静压力 p，将 $\sigma = -p\delta + \tau$ 带入，动量方程可写为：

$$\rho \frac{DV}{Dt} = (\nabla \cdot \tau) - \nabla p + \rho g \tag{7-7}$$

不难看出，动量方程实质上与牛顿力学第二定律相似。等式左边表示流场中某微团的加速度（随流导数），也称惯性项，它由两部分所组成：由于流场不稳定性引起的加速度，又称局部加速度；以及由于场的不均匀性引起的加速度，又称为迁移加速度，是随空间坐标变化的。

$\rho \frac{DV}{Dt}$可分解为三个方向上分量的和：

$$\rho \frac{DV}{Dt} = \rho \frac{DV_x}{Dt} + \rho \frac{DV_y}{Dt} + \rho \frac{DV_z}{Dt}$$

由于 ρ 是单位体积的质量，所以 $\rho \frac{DV}{Dt}$ 相当于力，可称为惯性力项，反映单位时间内单位体积流体的动量的增量。而等式右边的三项物理意义如下。

① ∇p 是静压力项，反映静压力对动量的影响，同样可以分解为三个方向上的分量：

$$\nabla p=\left(\frac{\partial p}{\partial x}i+\frac{\partial p}{\partial y}j+\frac{\partial p}{\partial z}k\right)=\begin{cases}\dfrac{\partial \tau_{xx}}{\partial x}+\dfrac{\partial \tau_{xy}}{\partial y}+\dfrac{\partial \tau_{xz}}{\partial z}\\ \dfrac{\partial \tau_{yx}}{\partial x}+\dfrac{\partial \tau_{yy}}{\partial y}+\dfrac{\partial \tau_{yz}}{\partial z}\\ \dfrac{\partial \tau_{zx}}{\partial x}+\dfrac{\partial \tau_{zy}}{\partial y}+\dfrac{\partial \tau_{zz}}{\partial z}\end{cases}$$

② $\nabla\cdot\tau$ 是黏性力项，因为 τ 与流体的黏性、剪切速率有关，反映流体的黏性对动量的影响。其三个方向上的分量为：

$$\nabla\cdot\tau=\sum_k e_k\left[\sum_i\left(\frac{\partial \tau_{ik}}{\partial x_i}\right)\right]=\sum_k e_k\left(\frac{\partial \tau_{xk}}{\partial x}+\frac{\partial \tau_{yk}}{\partial y}+\frac{\partial \tau_{zk}}{\partial z}\right)=\begin{cases}\dfrac{\partial \tau_{xx}}{\partial x}+\dfrac{\partial \tau_{yx}}{\partial y}+\dfrac{\partial \tau_{zx}}{\partial z}\\ \dfrac{\partial \tau_{xy}}{\partial x}+\dfrac{\partial \tau_{yy}}{\partial y}+\dfrac{\partial \tau_{zy}}{\partial z}\\ \dfrac{\partial \tau_{xz}}{\partial x}+\dfrac{\partial \tau_{yz}}{\partial y}+\dfrac{\partial \tau_{zz}}{\partial z}\end{cases}$$

③ ρV 是重力项，反映重力对动量的影响。

应该指出的是，迁移加速度（对流项的存在）使得动量方程变成非线性。采用解析法不能解非线性微分方程，只有求助数值方法才可解。当 ρ 为常数时，上面方程也被称为 Cauchy 应力方程。

如果在非直角坐标系中描述流体流动的动量守恒，其动量方程的推导也是一样的。现将不同坐标系的动量方程与连续性方程总结如下。

(1) 直角坐标系 (x,y,z)

连续性方程：

$$\frac{\partial u_x}{\partial x}+\frac{\partial u_y}{\partial y}+\frac{\partial u_z}{\partial z}=0$$

动力学方程：

x 分量

$$\rho\left(\frac{\partial u_x}{\partial t}+u_x\frac{\partial u_x}{\partial x}+u_y\frac{\partial u_x}{\partial y}+u_z\frac{\partial u_x}{\partial z}\right)=-\frac{\partial p}{\partial x}+\left(\frac{\partial \tau_{xx}}{\partial x}+\frac{\partial \tau_{yx}}{\partial y}+\frac{\partial \tau_{zx}}{\partial z}\right)+\rho g_x$$

y 分量

$$\rho\left(\frac{\partial u_y}{\partial t}+u_x\frac{\partial u_y}{\partial x}+u_y\frac{\partial u_y}{\partial y}+u_z\frac{\partial u_y}{\partial z}\right)=-\frac{\partial p}{\partial y}+\left(\frac{\partial \tau_{xy}}{\partial x}+\frac{\partial \tau_{yy}}{\partial y}+\frac{\partial \tau_{zy}}{\partial z}\right)+\rho g_y$$

z 分量

$$\rho\left(\frac{\partial u_z}{\partial t}+u_x\frac{\partial u_z}{\partial x}+u_y\frac{\partial u_z}{\partial y}+u_z\frac{\partial u_z}{\partial z}\right)=-\frac{\partial p}{\partial z}+\left(\frac{\partial \tau_{xz}}{\partial x}+\frac{\partial \tau_{yz}}{\partial y}+\frac{\partial \tau_{zz}}{\partial z}\right)+\rho g_z$$

(2) 柱坐标系 $(r,\ \theta,\ z)$

连续性方程：

$$\frac{1}{r}\times\frac{\partial}{\partial r}(ru_r)+\frac{1}{r}\times\frac{\partial u_\theta}{\partial \theta}+\frac{\partial u_z}{\partial z}=0$$

动力学方程：

r 分量

$$\rho\left(\frac{\partial u_r}{\partial t}+u_r\frac{\partial u_r}{\partial r}+\frac{u_\theta}{r}\times\frac{\partial u_r}{\partial \theta}-\frac{u_\theta^2}{r}+u_z\frac{\partial u_r}{\partial z}\right)=-\frac{\partial p}{\partial r}+\left[\frac{1}{r}\times\frac{\partial}{\partial r}(r\tau_{rr})+\frac{1}{r}\times\frac{\partial \tau_{r\theta}}{\partial \theta}-\frac{\tau_{\theta\theta}}{r}+\frac{\partial \tau_{rz}}{\partial z}\right]+\rho g_r$$

θ 分量

$$\rho\left(\frac{\partial u_\theta}{\partial t}+u_r\frac{\partial u_\theta}{\partial r}+\frac{u_\theta}{r}\times\frac{\partial u_\theta}{\partial \theta}+\frac{u_r u_\theta}{r}+u_z\frac{\partial u_\theta}{\partial z}\right)=-\frac{1}{r}\times\frac{\partial p}{\partial \theta}+\left[\frac{1}{r^2}\times\frac{\partial}{\partial r}(r^2\tau_{r\theta})+\frac{1}{r}\times\frac{\partial \tau_{\theta\theta}}{\partial \theta}+\frac{\partial \tau_{\theta z}}{\partial z}\right]+\rho g_\theta$$

z 分量

$$\rho\left(\frac{\partial u_z}{\partial t}+u_r\frac{\partial u_z}{\partial r}+\frac{u_\theta}{r}\times\frac{\partial u_z}{\partial \theta}+u_z\frac{\partial u_z}{\partial z}\right)=-\frac{\partial p}{\partial z}+\left[\frac{1}{r}\times\frac{\partial}{\partial r}(r\tau_{rz})+\frac{1}{r}\times\frac{\partial \tau_{\theta z}}{\partial \theta}+\frac{\partial \tau_{zz}}{\partial z}\right]+\rho g_z$$

(3) 球坐标系 (r，θ，ϕ)

连续性方程：

$$\frac{1}{r^2}\times\frac{\partial}{\partial r}(r^2u_r)+\frac{1}{r\sin\theta}\times\frac{\partial}{\partial \theta}(u_\theta\sin\theta)+\frac{1}{r\sin\phi}\times\frac{\partial u_\phi}{\partial \phi}=0$$

动力学方程：

r 分量

$$\rho\left(\frac{\partial u_r}{\partial t}+u_r\frac{\partial u_r}{\partial r}+\frac{u_\theta}{r}\times\frac{\partial u_r}{\partial \theta}+\frac{u_\phi}{r\sin\theta}\times\frac{\partial u_r}{\partial \phi}-\frac{u_\theta^2+u_\phi^2}{r}\right)$$

$$=-\frac{\partial p}{\partial r}+\left[\frac{1}{r^2}\times\frac{\partial}{\partial r}(r\tau_{rr})+\frac{1}{r\sin\theta}\times\frac{\partial}{\partial \theta}(\tau_{r\theta}\sin\theta)+\frac{1}{r\sin\theta}\times\frac{\partial \tau_{r\phi}}{\partial \phi}-\frac{\tau_{\theta\theta}+\tau_{\phi\phi}}{r}\right]+\rho g_r$$

θ 分量

$$\rho\left(\frac{\partial u_\theta}{\partial t}+u_r\frac{\partial u_\theta}{\partial r}+\frac{u_\theta}{r}\times\frac{\partial u_\theta}{\partial \theta}+\frac{u_\phi}{r\sin\theta}\times\frac{\partial u_\theta}{\partial \phi}-\frac{u_r u_\theta}{r}+\frac{u_\phi^2\cot\theta}{r}\right)$$

$$=-\frac{1}{r}\times\frac{\partial p}{\partial \theta}+\left[\frac{1}{r^2}\times\frac{\partial}{\partial r}(r\tau_{\theta r})+\frac{1}{r\sin\theta}\times\frac{\partial}{\partial \theta}(\tau_{\theta\theta}\sin\theta)+\frac{1}{r\sin\theta}\times\frac{\partial \tau_{\theta\phi}}{\partial \phi}+\frac{\tau_{r\theta}}{r}-\frac{\cot\theta}{r}\tau_{\phi\phi}\right]+\rho g_\theta$$

ϕ 分量

$$\rho\left(\frac{\partial u_\phi}{\partial t}+u_r\frac{\partial u_\phi}{\partial r}+\frac{u_\theta}{r}\times\frac{\partial u_\phi}{\partial \theta}+\frac{u_\phi}{r\sin\theta}\times\frac{\partial u_\phi}{\partial \phi}+\frac{u_r u_\phi}{r}+\frac{u_\phi u_\theta\cot\theta}{r}\right)$$

$$=-\frac{1}{r\sin\theta}\times\frac{\partial p}{\partial \phi}+\left[\frac{1}{r^2}\times\frac{\partial}{\partial r}(r^2\tau_{r\phi})+\frac{1}{r}\times\frac{\partial \tau_{\theta\phi}}{\partial \theta}+\frac{1}{r\sin\theta}\times\frac{\partial \tau_{\phi\phi}}{\partial \phi}+\frac{\tau_{r\phi}}{r}+\frac{2\cot\theta}{r}\tau_{\theta\phi}\right]+\rho g_\phi$$

综上所述，动量方程的物理意义可看作：

惯性力＝静压力＋黏性力＋重力

动量方程是任何流体流动的动量守恒方程，所以适用范围很广。求解这一方程，始终是流体力学的一项重要任务。许多层流问题，比如圆管中的层流、平行平板间的层流、同心圆环的层流等都可应用这一方程顺利地求出其精确解，这就为挤出机的口模设计和工艺改良提供很好的理论基础。不过需要指出的是，利用数学工具现今还未能找出运动方程的普遍解，因此在具体应用时，往往都作一些假设，使之简化，以便与连续性方程、应力-应变关系式等联立求解。

7.3　能量方程

高分子材料的一次成型加工一般都是在黏流态进行的。在加工过程中随温度升高，高分子经历了从玻璃态、高弹态到黏流态的转变。因此，高分子材料的加工过程伴随着流动能量的交换、加热和冷却等热传递过程。在推导能量方程之前，首先需要考察一下影响流动场能量的因素，大致有如下几种：

总能量(E)＝内能(U)＋动能(K)

＝流动能量(v 方向)＋热传能量(Q)＋应力作功能量(σ 方向)＋

重力作功能量(重力加速度 g 方向)

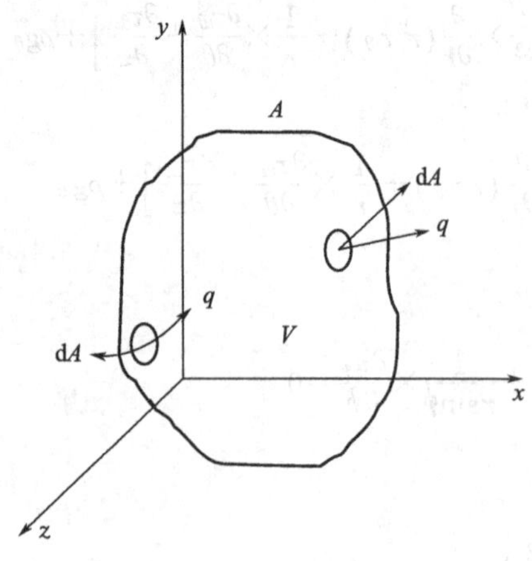

图 7-5　一个封闭体系的能量守恒

不过，能量守恒有多种表示方法，这里以热力学第一定律作为能量守恒定律的数学表示。设一个封闭体系的内能为 E，动能为 K，它与外界的功交换和热量交换分别记为 $\sum_i A_i$ 和 ΔQ，如图 7-5 所示。则热力学第一定律，即能量守恒定律表示为：

$$\Delta(E+K)=\sum_i A_i+\Delta Q \tag{7-8}$$

也就是说，封闭体系的任何能量变化，或源于与外界的功交换，或源于与外界的热交换，否则能量守恒。注意上式的成立是基于各物理量符号的规定，此处规定体系能量升高为正，外界对体系做功为正，体系吸收热量为正，反之为负。

设在无限大空间内充满连续流体，在某一瞬时流体微元占有空间域 A（体积为 V），在单位时间内其能量变化规律为：

$$\frac{\mathrm{D}}{\mathrm{D}t}(E+K)=\sum_i W_i+\frac{\mathrm{D}Q}{\mathrm{D}t} \tag{7-9}$$

式中，W_i 为外力对体系做功的功率。因为是针对确定流体元进行研究，故所取时间导数为物质导数。对 A 域中的流体系统而言，其内能和动能分别为：

$$E=\int_V \rho e\,\mathrm{d}V$$

$$K=\frac{1}{2}\int_V \rho v\cdot v\,\mathrm{d}V$$

式中，e 为内能密度，J/kg；积分为体积积分。设 A 域中的流体与外界的热量交换只计传导热，不计辐射热。按 Fourier 导热定律，热流矢量 $\boldsymbol{q}$ 为：

$$\boldsymbol{q}=-k\,\nabla T$$

式中，$\boldsymbol{q}$ 的单位为 $\mathrm{J\cdot m^2/s}$；k 为热导率；∇T 为温度梯度；式中的负号表示热量总是沿温度下降的方向传导的。

A 域内的流体与外界的热量交换率为：

$$\frac{\mathrm{D}Q}{\mathrm{D}t}=-\int_V q\,\mathrm{d}A=-\int_V \nabla\cdot q\,\mathrm{d}V=\int_V \nabla\cdot(k\,\nabla T)\,\mathrm{d}V$$

式中的负号表示导入体系的热量为正。

外力对体系做功的功率为：

$$\sum_i W_i=\int_A(-p\delta+\tau)\cdot v\cdot\mathrm{d}A$$

这一项其实应该包括表面力功率（压力与黏弹力属表面力）和体积力功率（重力属于体积力），但由于体积力远小于表面力，故而可以忽略不计。因此该功率主要包括各向同性压力$(-p)$和偏应力张量（代表黏弹力）的贡献。

显然，流动过程中能量方程的积分类型为：

$$\frac{\mathrm{D}}{\mathrm{D}t}\int_V \rho\left(e+\frac{1}{2}v^2\right)\mathrm{d}V=-\int_V \nabla\cdot q\,\mathrm{d}V+\int_A(-p\delta+\tau)\cdot v\cdot\mathrm{d}A \tag{7-10}$$

不过，能量守恒方程的形式有许多种，上式只是其中之一。在实际应用时，往往全微分形式的能量守恒方程更为方便，对于聚合物加工而言，尤其以温度变化形式 $\mathrm{d}T/\mathrm{d}t$ 出现的能量守恒方程较为常用，推导过程主要是先求 $\mathrm{d}E/\mathrm{d}t$、$\mathrm{d}U/\mathrm{d}t$，再求 $\mathrm{d}T/\mathrm{d}t$。这里简单罗列如下，不做具体推导。

$$\rho\frac{\mathrm{d}E}{\mathrm{d}t}=-\nabla\cdot q+\nabla\cdot(\sigma\cdot V)+\rho g\cdot V$$

$$\rho\frac{\mathrm{d}U}{\mathrm{d}t}=-\nabla\cdot q+(\tau:\nabla V)-P(\nabla\cdot V)$$

则：

$$\rho C_V\frac{\mathrm{d}T}{\mathrm{d}t}=-\nabla\cdot q+T\left(\frac{\partial P}{\partial T}\right)_\rho(\nabla\cdot V)+(\tau:\nabla V) \tag{7-11}$$

这就是流动场中普遍的能量守恒方程。式中，ρ 为密度；C_V 为流体的定容比热容；T 为热力学温度；q 为热流矢量；p 为流体内压力。如将上式展开：

$$\rho C_V\left(\frac{\partial T}{\partial t}+v_x\frac{\partial T}{\partial x}+v_y\frac{\partial T}{\partial y}+v_z\frac{\partial T}{\partial z}\right)=-\left[\frac{\partial q_x}{\partial x}+\frac{\partial q_y}{\partial y}+\frac{\partial q_z}{\partial z}\right]-T\left(\frac{\partial P}{\partial t}\right)_\rho\left(\frac{\partial v_x}{\partial x}+\frac{\partial v_y}{\partial y}+\frac{\partial v_z}{\partial z}\right)+$$
$$\left\{\left[\tau_{xx}\frac{\partial v_x}{\partial x}+\tau_{yy}\frac{\partial v_y}{\partial y}+\tau_{zz}\frac{\partial v_z}{\partial z}\right]+\left[\tau_{xy}\left(\frac{\partial v_x}{\partial y}+\frac{\partial v_y}{\partial x}\right)\right]+\left[\tau_{xz}\left(\frac{\partial v_x}{\partial z}+\frac{\partial v_z}{\partial x}\right)\right]+\left[\tau_{yz}\left(\frac{\partial v_y}{\partial z}+\frac{\partial v_z}{\partial y}\right)\right]\right\} \tag{7-12}$$

这就是常用于求解温度分布的能量守恒方程。

同前述的动量方程一样，在将能量方程付之应用之前，必须先明确式（7-11）各项的物理意义。

① 等式左边的 $\rho C_V\dfrac{\mathrm{d}T}{\mathrm{d}t}$是单位时间内某一点的温度变化。

② 等式右边的第一项 $-\nabla\cdot q$ 表示由热传导引起的温度变化，即空间位置变化所引起的温度变化。

③ 第二项 $T\left(\dfrac{\partial P}{\partial T}\right)_\rho(\nabla\cdot V)$ 表示由膨胀功引起的温度变化。对于可压缩流体，$(\nabla\cdot V)$ 是很重要的一项；但对于高分子流体来说，可近似认为是不可压缩的流体，这一项可忽略。这样，能量守恒方程就变得简单易解了。

④ $(\tau:\nabla V)$ 是机械功变为热能所引起的温度变化。如果黏度 η 不太大，则这一项亦可忽略。当然，对于绝大部分高分子流体来说，由于自身的高黏度，因此机械功变为热能所引起的温度变化是必须考虑的。

简而言之，流体中某一点的温度变化，是热传导、膨胀功和机械功作用的结果。对于不可压缩的高分子流体而言，因为 $(\nabla\cdot V)=0$，故能量方程简化为：

$$\rho C_V\frac{\mathrm{d}T}{\mathrm{d}t}=-\nabla\cdot q+(\tau:\nabla V) \tag{7-13}$$

也就是说，高分子流体流动过程中的能量变化，决定于与外界的热交换和功交换。对于黏弹性流体而言，功的交换既包括黏性力贡献，也包括弹性力贡献。大多数高分子流体的测量和加工过程近似遵循上述简化方程。

7.4　加工过程的数学分析

日益深入发展的高分子材料成型加工技术充分表明，成型加工工程中材料内部力场和温度场的分布和变化，对材料的形态结构的形成和改变有极其重要的影响，是决定高分子材料制品外观形状和质量的中心环节。因此对材料成型加工工程进行科学的正确的流变分析已经成为改进和优化加工工艺的核心步骤，也是高分子流变学重要的研究内容之一。

常见的加工过程有混炼与压延工艺（辊筒上的加工过程）、挤出成型过程、注射成型过程、纤维纺丝和薄膜吹塑成型过程等。前两种工艺中的流场以剪切流场为主，后两种工艺中的流场以拉伸流场为主，注射成型过程则较为复杂。本节将对挤出成型、注射成型与压延成型过程作简单的数学分析。

7.4.1 挤出成型

挤出成型是高分子制品最重要的成型技术之一。在连续挤出过程中，高分子材料粒子被压缩、熔化、混合、输送到口模中，成型固化得到所需截面形状的产品，如管材、板材、异型材、棒材、纤维、电线电缆以及其他共混复合材料产品。挤出成型主要被用于热塑性塑料的成型，但也适用于热固性塑料。在塑料工业中，挤出成型产品的产量几乎占全部塑料制品产量的一半。

挤出过程是由螺杆挤出机和机头口模共同完成的。螺杆挤出机为挤压部分，根据结构不同，可分为单螺杆挤出机、双螺杆（平行双螺杆、锥形双螺杆）挤出机以及多螺杆的行星螺杆挤出机等，主要实现塑化、输送、计量物料的功能；而机头口模部分主要完成将物料制成规定形状、尺寸的制品的功能。

图 7-6 为典型的螺杆挤出机结构，挤出机的核心是螺杆。根据其工作原理和物料在挤出过程中的状态变化，可将螺杆工作部分分为固体输送段（加料段）、熔融段（压缩段）和熔体输送段（均化段或计量段）三部分。在固体输送段，物料依然是固体状态，螺杆相当于一个螺旋推进器，将固体物料向前输运，并压实成为固体塞。这一段中，螺杆吃料和送料能力的强弱是保证机器正常工作的前提条件，研究这部分的理论主要为固体输送理论。在熔融段中，物料在剪切应力场与温度场作用下开始熔融、塑化，由固态逐渐转变为黏流态。这一段中螺槽的截面积一般是逐渐变化的（也可是突变的，适用于高结晶性聚合物），压缩比的设置使熔体得以压实、排气，研究此部分的理论主要为熔融、塑化理论和相变理论；熔体输送段又称均化段，从压缩段输运至此的黏流态物料被进一步压实、塑化、拌匀，并以一定的流量和压力从机头口模处均匀挤出。这一段中螺槽的截面是均匀的，研究此部分的理论即流变学理论。

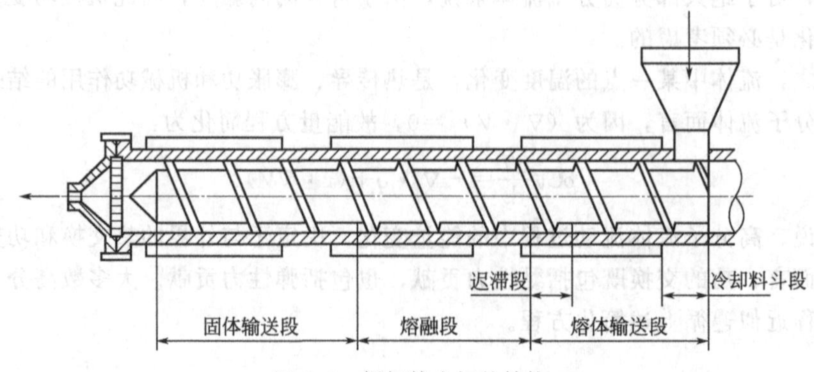

图 7-6 螺杆挤出机的结构

7.4.1.1 螺杆的几何尺寸

在探讨挤出成型过程之前，首先应该清楚螺杆的基本几何尺寸。如图 7-7 所示，螺杆的

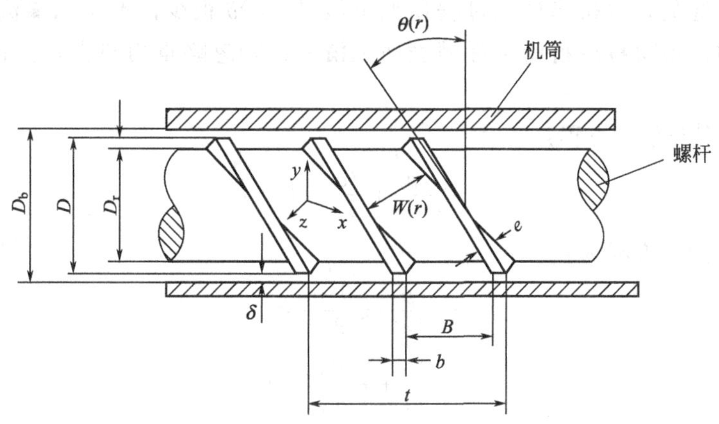

图 7-7　螺杆的基本几何尺寸

几何特征可分为以下三类。

① 基本不变的结构参数：螺杆外径 D；螺杆突棱顶部法向宽度 e；螺杆突棱顶部和机筒内壁的径向间隙 δ（料筒内径为 D_b，则 $D=D_b-2\delta$）；对于等距螺杆有螺纹的导程 t，对于等深螺杆有螺槽深度 h。

② 沿螺杆轴向变化的量：对等距螺杆有螺槽深度 h，对等深螺杆有 t 和 B。

③ 沿螺杆径向（任意半径 r）变化的量：螺槽的法向宽度 $W(r)$，螺杆突棱的轴向宽度 $b(r)$，螺纹升角 $\theta(r)$以及螺槽的轴向宽度 $B(r)$。

7.4.1.2　熔体输送段等温流动分析

设想螺槽断面为矩形细纹，等深等宽，如图 7-8(a) 所示。假定螺槽深度 $h \ll$ 螺槽宽度 W，且 $h \ll$ 螺杆直径 $2R$，那么可近似把物料在任一小段螺槽内的流动看成是在两平行板间的流动。为研究方便起见，将料筒与螺杆侧剖，并在平面上展开，如图 7-8(b) 所示。取直角坐标系（x,y,z），那么随螺杆旋转，螺槽内物料任一点的速度 $\overline{v}$ 可沿螺纹方向（z 方向）和垂直于螺纹方向（x 方向）分解成：

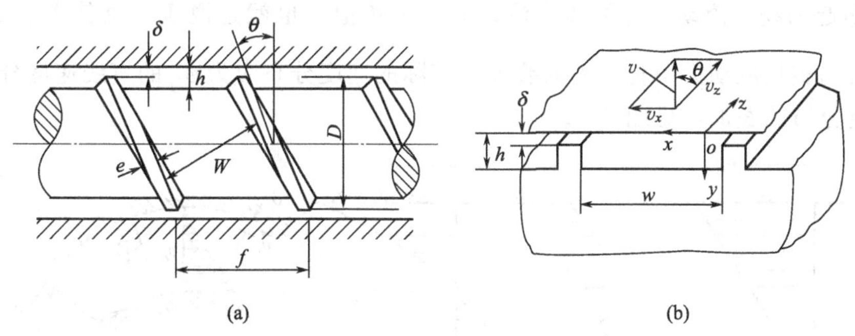

图 7-8　物料在等深等宽的螺槽中的流动分析

$$\overline{v}=v_x i+v_z k$$

式中，i、k 为沿 x、z 方向的单位矢量；而螺杆运动时表面线速度 $\overline{v}$ 的值为：$|\overline{v}|=2\pi RN$，其中，N 为螺杆转速。可以看出，v_z 是物料沿螺槽的正向流动速度；v_x 是物料的横向流动速度。v_x 对物料的挤出贡献不大，但可能导致螺槽内物料的环流，从而促进物料的混合与塑化，同时它也是引起漏流的重要因素。y 方向为速度梯度的方向，不同速度的流层之间发生剪切。

为研究简便起见，对挤出成型过程作如下假设：①δ很少，不考虑漏流；②牛顿流体；③稳定层流流动；④物料沿料筒及螺槽表面无滑移；⑤忽略重力与惯性力的影响；⑥等温条件。

因此可以得到连续性方程：

$$\frac{\partial v_x}{\partial x}+\frac{\partial v_z}{\partial z}=0 \tag{7-14}$$

而简化的动力学方程为：

x 方向
$$-\frac{\partial p}{\partial x}+\eta\frac{\partial^2 v_x}{\partial y^2}=0 \tag{7-15}$$

z 方向
$$-\frac{\partial p}{\partial z}+\eta\frac{\partial^2 v_z}{\partial y^2}=0 \tag{7-16}$$

显然，x 方向的动力学方程描述了物料沿螺槽的正向流动，而 z 方向的动力学方程则描述了物料的横向流动。后者是形成螺槽内物料的环流和引起漏流的重要因素。

考虑物料沿 z 方向的流动，根据假定$\frac{\partial p}{\partial x}$为常数，已知边界条件：

$$v_x\,|_{y=0}=0,v_x\,|_{y=h}=|\bar{v}|\cos\theta=2\pi RN\cos\theta$$

对 z 方向的动力学方程积分可得到槽内物料的速度分布：

$$v_z=y\left[\frac{\bar{v}}{h}-\frac{1}{2\eta}\times\frac{\partial p}{\partial z}(h-y)\right] \tag{7-17}$$

式中，h 为螺槽深度；θ 为螺纹升角。上式含有两项，可以写成：

$$v_z=v_{z_1}+v_{z_2} \tag{7-18}$$

$$v_{z_1}=y\frac{\bar{v}}{h} \tag{7-19}$$

$$v_{z_2}=-\frac{1}{2\eta}\times\frac{\partial p}{\partial z}(hy-y^2) \tag{7-20}$$

式中，第一项 v_{z_1} 表示物料因螺杆拖动而引起的流动，称为拖曳流；而第二项 v_{z_2} 表示因压差$\frac{\partial p}{\partial z}$而引起的物料流动，称为压力流，其值为负值，也就是说压力流其实是反流。因此螺槽内物料的实际流动为两种流动的叠加，实际的速度分布应为 v_{z_1} 的直线速度分布和 v_{z_2} 的抛物线速度分布的叠加，见图 7-9。

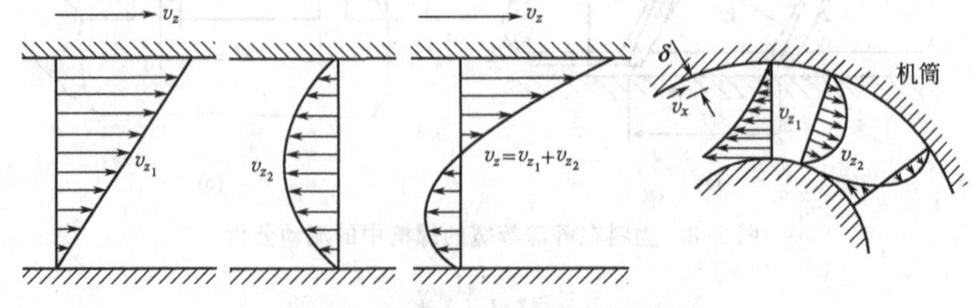

图 7-9　螺槽内物料实际流动的示意

根据速度分布很容易求得螺槽内物料的体积流量为：

$$Q=\int_0^h W\cdot v_z\cdot \mathrm{d}y=\frac{Wv_z^*\cdot h}{2}-\frac{Wh^3}{12\eta}\times\frac{\partial p}{\partial z} \tag{7-21}$$

显然：

$$Q=Q_{拖曳流}+Q_{压力流} \tag{7-22}$$

因此，体积流量同样也可分解为两部分，其中由 v_z^* 引起的物料流动对体积流量的贡献为正贡献，而由压力梯度$\frac{\partial p}{\partial z}$引起的流动对体积流量的贡献为负贡献，即反流。

再考虑 x 方向的流动。这种流动与螺槽侧壁的方向垂直，除引起物料在螺槽内发生环流外，主要是引起漏流。漏流是由于物料在一定压力作用下，沿 x 方向流过螺槽突棱顶部与料筒内壁的径向间隙 δ 造成的。这种流动可视为物料通过一个缝模的流动，缝模截面垂直于 x 方向，缝高为 δ，缝长为$\frac{2\pi R}{\cos\theta}$，如图 7-10 所示。

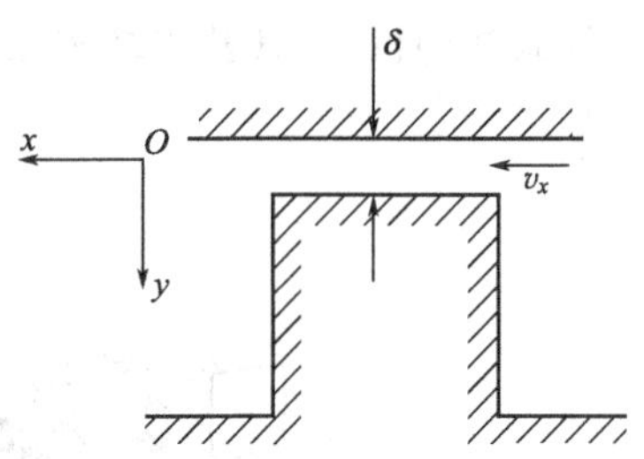

图 7-10　与螺槽侧壁的方向垂直的物料的流动

已知$\frac{\partial p}{\partial x}$也为常数，并利用边界条件 $v_x|_{y=0}=0$，$v_z|_{y=\delta}=0$求解 x 方向的动力学方程，得到 v_x 的速度分布：

$$v_x=-\frac{1}{2\eta}\times\frac{\partial p}{\partial x}(\delta y-y^2) \tag{7-23}$$

进一步求得漏流的体积流量：

$$Q_{漏流}=\int_0^{\delta}v_x\frac{2\pi R}{\cos\theta}\mathrm{d}y=-\frac{\pi R\delta^3}{6\eta\cos\theta}\times\frac{\partial p}{\partial x} \tag{7-24}$$

将 x 方向与 z 方向的体积流量加和，可以得到在螺杆均化段中物料的总体积流量：

$$Q=Q_{拖曳流}+Q_{压力流}+Q_{漏流}=\frac{Wv_z^*\cdot h}{2}-\frac{Wh^3}{12\eta}\times\frac{\partial p}{\partial z}-\frac{\pi R\delta^3}{6\eta\cos\theta}\times\frac{\partial p}{\partial x} \tag{7-25}$$

式中，拖曳流量为正流量，主要取决于转速 N；压力流量与漏流量为负流量，其大小取决于压差 Δp 和物料黏度 η。当然，螺杆的几何结构参数也起着重要作用。总的来说，螺杆中挤出物料的总体积流量由三部分组成，一旦正流量小于负流量，则螺杆挤出功能失效。因此，式(7-25) 可以改写为：

$$Q=\alpha N-\beta\frac{\Delta p}{\eta}-\gamma\frac{\Delta p}{\eta}$$

式中，Δp 为沿螺杆轴向全长的总压力降；α 为正流系数；β 为反流系数；γ 为漏流系数。它们仅与螺杆几何尺寸有关，表征了螺杆的挤出特性。

物料在机头口模中的流动可以采用类似的方法进行分析。对于螺杆挤出机而言，欲使之处于稳定挤出状态，高分子流体在螺杆部分的流动状态必须与在机头口型区的流动状态相匹配。具体来说，要求通过螺杆部分的流量一定要与通过机头口型区的流量相等，物料在螺杆部分的压力降也要与在机头口型区的压力降相等。针对机头口模中流动的数学分析以及为了实现稳定的挤出对相关理论的修正在这里就不再赘述了。

7.4.2　注射成型

注射成型又称注射模塑，是热塑性塑料制品重要的成型方法。可用于生产形状结构复杂、尺寸精确、用途不同的制品，产量约占塑料制品总量的 30%。其中，工程塑料制品约 80%以上都采用注射成型制备。近年来，热固性塑料、越来越多的橡胶制品、带有金属嵌件的塑料制品也采用注射成型法生产。此外，随着精密注射成型、气辅注射成型、共注射成型的发展以及注射成型过程的全自动控制的成熟，注射成型的应用日益广泛。

注射成型的主要设备是柱塞式或螺杆式往复注塑机，以及根据制品要求设计的注射模具。在构成注塑机的五大系统中，注射系统和合模系统是最核心的系统。注射系统通常由单螺杆挤出机组成。注射时螺杆向前推进把物料注压进模具，物料在模具中冷却成型。在塑化阶段，螺杆在旋转进料塑化的同时不断后退，熔体被推向螺杆的顶部以备下次注射之用。合模系统则执行开模与合模、顶出制品等动作。目前最常用的是螺杆式往复注塑机（或称螺杆-线式注塑机），其基本结构见图 7-11。

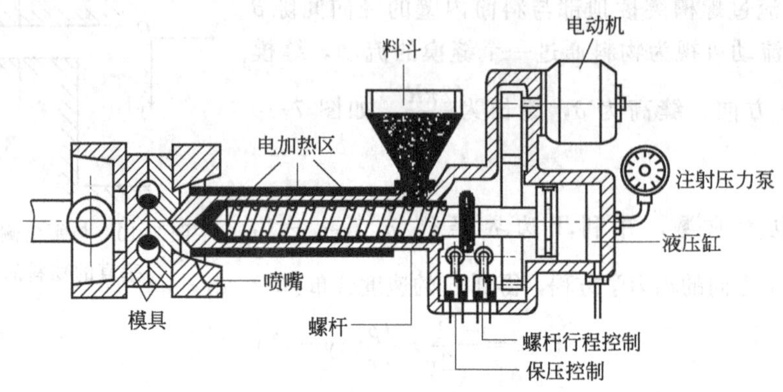

图 7-11　螺杆式往复注塑机的结构

由图 7-11 可知，注塑机中从喷嘴到模具的输送系统由喷嘴、主流道、分流道、浇口组成。分流道用于多型腔的场合，物料由浇口进入模具型腔。通常，注射速率是一定的，注射压力发生变化。按型腔内的压力变化，可把注射过程分为六个阶段，具体分析如下。

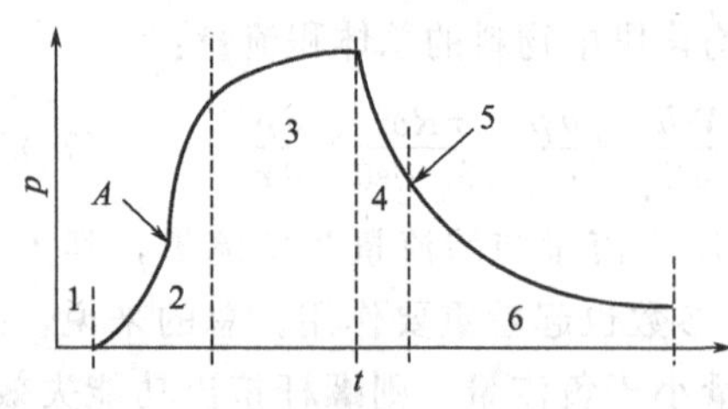

图 7-12　注射过程中型腔内压力的变化

1—空载期；2—充模期；3—保压期；4—返料期；5—凝封点；6—继冷期

(1) 空载期　物料在料筒中塑化后被螺杆（或柱塞）向前推动，但在开始的那一时间物料尚未进入模腔，模腔内压力为零。物料流经喷嘴、主流道、分流道、浇口时因流动阻力而引起流道中的压力增加，同时因剪切摩擦而引起温度上升。

(2) 充模期　物料熔体开始进入模腔，模腔内压力上升。到达 A 点时，整个型腔刚充满。此后压力在极短的时间内迅速增大。同时，物料温度也迅速上升到最高值。

(3) 保压期　这一阶段熔体被压缩并成型，并有少量熔体缓慢地补入型腔以补充物料在冷却时的体积收缩。此阶段的压力变化不大。

(4) 返料期　预塑开始后，由于物料的加入使得螺杆（或柱塞）开始逐渐后移。此时料筒喷嘴与浇口处的压力下降而模腔内压力很高。尚未固化的物料被模腔内压反推向浇口与喷嘴，造成倒流现象。

(5) 凝封点　浇口处的物料达到固化温度而凝固，倒流停止，物料被密封在模腔内。

(6) 继冷期　由于模具温度较低，在充模阶段模腔内的物料冷却已经开始。继冷期是指凝封点后的冷却阶段。在此阶段，模腔内的物料逐渐降温到一设定值。此时，注塑制品已具有一定强度，允许脱模取出。

显然，在整个注射过程中，物料的力学状态是随时间、压力而变化的。上述压力变化程序，相应于注塑机机械运动的循环中合模装置和注射装置的周期运动。合模装置一次的工作循环包括：模板开始闭合→正式闭合→模板开始开启→正式开模（制品顶出）四个工序。而注射装置一次工作循环包括：注射（螺杆前进）→保压→冷却预塑（螺杆旋转、注射座后退），这三个工作工序是在合模装置模板闭合后进行的，直至模板开始开启前结束。因此，整个注射循环周期过程如图 7-13 所示。

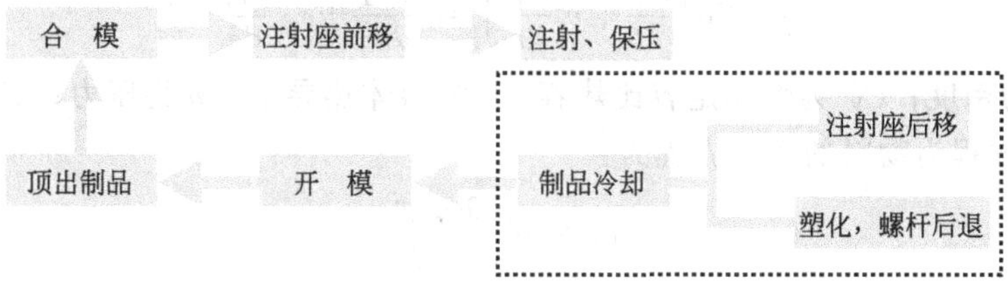

图 7-13　注塑机的一个注射循环周期

一般来说，螺杆式往复注塑机及模具的功能区段可分为三个区段：塑化段、注射段和充模段。塑化段与螺杆挤出机类似，物料在其中熔融、塑化、压缩并向前输送；注射段由喷嘴、上流道、分流道、浇口组成，物料在其中的流动如同在毛细管流变仪中的流动；而充模段物料流动的传质与传热过程最为复杂：熔体由浇口进入模腔后，发生复杂的三维流动并伴随有不稳定传热、相变、固化等过程。这里选取几何形状最简单的圆盘形模具和管式流道入口进行研究。

圆盘形模具和管式流道入口见图 7-14。设圆盘形模具的模腔半径为 R^*，厚度为 Z，壁温 T_0 恒定。浇口在圆盘中心，半径为 R_0，温度为 T_1，熔体从浇口注入模腔，并以辐射状从中心向四周流动。取柱坐标系 (r,θ,z)，在圆盘中物料沿半径 r 方向流动，故 r 方向为主流动方向，不同 z 高度流层的流速不同，故 z 方向为速度梯度方向，θ 方向为中性方向。为讨论方便，还需假定：

① 物料以蠕动方式充满模腔，仅在 r 方向上存在流速，即只有 $v_r\neq 0(v_\theta=v_z=0)$，且 v_r 沿 z 方向的变化率远大于沿 r 方向的变化率，即 $\dfrac{\partial v_r}{\partial z}\gg\dfrac{\partial v_r}{\partial r}$；

② 法向应力分量 σ_{rr}、$\sigma_{\theta\theta}$、σ_{zz} 远小于剪切应力分量 σ_{rz}，且重力、惯性力可忽略；

③ 热传导只在 z 方向进行，即只通过模具上、下大板进行，且熔体比热容、密度、热导率等皆为常数；

④ 物料为不可压缩的幂律流体。

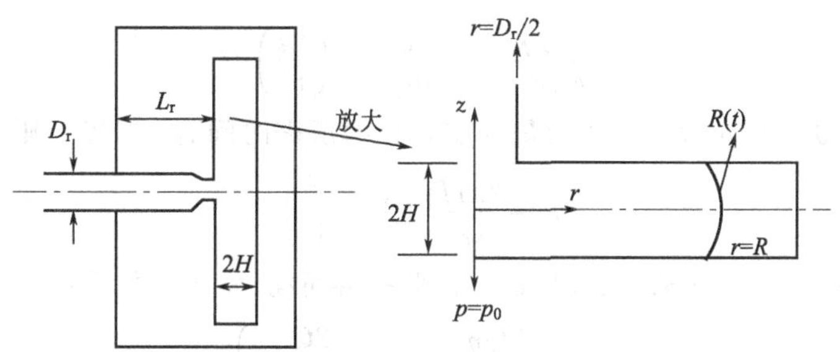

图 7-14　圆盘形模具和管式流道入口

这样便可得到系统的连续性方程：

$$\frac{1}{r}\times\frac{\partial(r\cdot v_r)}{\partial r}=0 \tag{7-26}$$

r 方向的运动方程为：

$$-\frac{\partial p}{\partial r}+\frac{\partial \sigma_{rz}}{\partial z}=0 \tag{7-27}$$

能量方程为：

$$\rho \cdot C_V\left(\frac{\partial T}{\partial t}+v_r\frac{\partial T}{\partial r}\right)=k\,\frac{\partial^2 T}{\partial z^2}+\sigma_{rz}\frac{\partial v_r}{\partial z} \tag{7-28}$$

式中，ρ 为密度；C_V 为熔体定容比热容；k 为熔体热导率；p 为压力；T 为温度。

已知幂律方程为物料的本构方程为：

$$\sigma_{rz}=K\left(\frac{\partial v_r}{\partial z}\right)^n$$

结合式(7-26)、式(7-27)、式(7-28) 和边界条件，可得到从中央浇口管的半径 R_0 处到辐射状流动时的流动长度 R 处的压力降：

$$\Delta p=\left(\frac{6Q}{2\pi}\right)^n\left(\frac{1}{1-n}\right)\frac{2K}{Z^{1+2n}}(R^{1-n}-R_0^{1-n}) \tag{7-29}$$

式中，Q 为注塑机的体积流量；Z 为圆盘高度。

显然，在充模过程中压力降与流量是密不可分的，同时，它们都强烈依赖于充模时间。我们从最简单的两种情况，即恒定压力与恒定流量的情况来分析。

① 恒定压力 p_0，求 Q-t　由于喷嘴处压力恒定，在充模过程中流量将逐步减少。由于流动前沿的压力等于大气压，故：

$$-p_0=A\eta\ln\frac{2R^*}{D_r} \tag{7-30}$$

进而建立 R^*-t 的关系式：

$$\varphi^2\ln\varphi-\frac{1}{2}(\varphi^2-1)=\frac{2Bt}{a^2} \tag{7-31}$$

式中，$a=\frac{D_r}{2R}$，$B=\frac{H^2p_0}{3\eta R^2}$，$\varphi=\frac{2R^*}{D_r}$。

在充模完成时，$t=t_f$，$R^*=R$，$\varphi=\frac{1}{a}$。从而得到 t_f-$1/p_0$ 的关系式如下：

$$t_f=\frac{1}{2B}\left[-\ln a-\frac{1}{2}(1-a^2)\right] \tag{7-32}$$

因此 Q-t 的关系为：

$$\frac{3\eta Q}{4\pi H^3p_0}=\frac{1}{\ln\varphi}=f\left(\frac{Bt}{a^2}\right) \tag{7-33}$$

② 恒定流量 Q，求 p_0-t　因为流量固定，充模所需时间 $t_f=V/Q$，则：

$$t_f=\frac{2\pi H}{Q}\left(R^2-\frac{D_r^2}{4}\right) \tag{7-34}$$

流量可以表示为 $Q=4\pi HR^*\mathrm{d}R^*/\mathrm{d}t$，由此推导可得 p_0-t 的关系：

$$p_0=\frac{3Q\eta}{8\pi H^3}\ln\left(1+\frac{2Q}{\pi HD_r^2}t\right) \tag{7-35}$$

7.4.3　压延成型

压延成型主要用来制备片材、薄膜等具有简单形状的橡塑制品，通常由两辊或多辊压延机来承担，可以同时完成混炼、捏合与压片等工艺过程。从工程的角度看，辊筒上的加工过程可分为对称性和非对称性过程两种。对称性过程指的是辊筒有相等的半径（$R_1=R_2$），且具有相等的辊筒表面线速度（$v_1=v_2$）；而非对称性过程指辊筒半径不等（$R_1\neq R_2$）或辊筒表面线速度不等（$v_1\neq v_2$）。实际加工过程一般多为非对称性过程，如采用等径辊筒，但设置两辊筒的表面线速度不等，两辊速比的存在能够加强对物料的剪切，常见于两辊开炼机对物料的塑炼。近年来发展起来的异径辊筒压延机也是典型的非对称性过程，设计中，有意识地令压延机的一两个辊筒的直径适当减小，由一大一小两辊筒构成一对异径辊筒。

由于橡胶与塑料在辊上的加工过程非常复杂，影响因素众多，因此对其进行理论分析与计算同样必须先作简化，抓住一些主要因素进行分析，以便得到虽是近似的但却较为明确的分析，从而对工艺过程能加深理解。对于辊筒系统及其被加工的物料，假定：

① 两辊筒半径相等（$R_1=R_2$），辊筒表面线速度相同（$v_1=v_2$），即辊筒上的加工过程为对称性过程；

② 被加工物料为不可压缩的牛顿型流体；

③ 两辊筒间隙中，物料的流动为稳定的二维等温流动；

④ 熔融物料在筒壁处无滑移；

⑤ 流动时物料的惯性力及重力忽略不计。

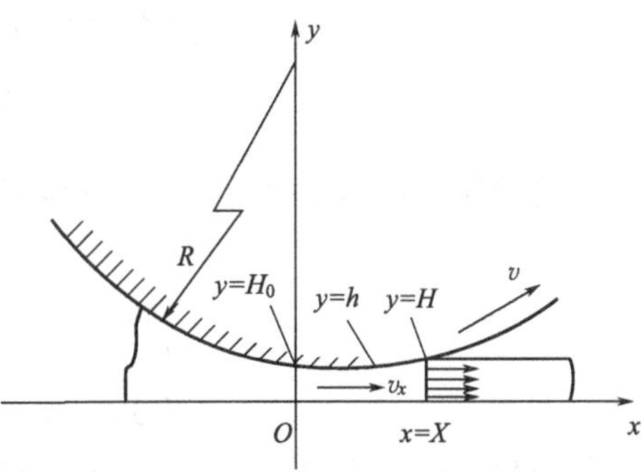

图 7-15　辊筒间隙的流动分析

在两辊筒间隙中，取直角坐标系如图 7-15 所示，坐标原点在辊距（两辊最小间距）的中心，x 方向为物料主要流动方向，y 方向为两辊筒轴心连线方向，z 方向垂直于 x-y 平面，该方向物料流速为零。由于辊隙间物料的流动为不可压缩流体的二维稳定流动，因此连续性方程为：

$$\frac{\partial v_x}{\partial x}+\frac{\partial v_y}{\partial y}=0 \tag{7-36}$$

即：

$$\nabla\cdot v=0 \tag{7-37}$$

对于牛顿流体，应力张量中法向应力分量等于零（$\sigma_{xx}=\sigma_{yy}=\sigma_{zz}=0$），切向应力分量中由于 z 方向无流动，因此只有两个不为零的分量 σ_{xy} 和 σ_{yx}。则 x 方向和 y 方向上的运动方程为：

$$\begin{cases} x\text{ 方向}:\rho\left(v_x\dfrac{\partial v_x}{\partial x}+v_y\dfrac{\partial v_x}{\partial y}\right)=-\dfrac{\partial p}{\partial x}+\left(\dfrac{\partial\sigma_{xx}}{\partial x}+\dfrac{\partial\sigma_{yx}}{\partial y}\right)\\ y\text{ 方向}:\rho\left(v_x\dfrac{\partial v_y}{\partial x}+v_y\dfrac{\partial v_y}{\partial y}\right)=-\dfrac{\partial p}{\partial y}+\left(\dfrac{\partial\sigma_{yy}}{\partial x}+\dfrac{\partial\sigma_{xy}}{\partial y}\right)\end{cases} \tag{7-38}$$

已知牛顿流体的本构方程为：

$$\sigma_{yx}=\eta\frac{\partial v_x}{\partial y} \tag{7-39}$$

则运动方程又可写为：

$$\begin{cases} x\text{ 方向}:\rho\left(v_x\dfrac{\partial v_x}{\partial x}+v_y\dfrac{\partial v_x}{\partial y}\right)=-\dfrac{\partial p}{\partial x}+\eta\left(\dfrac{\partial^2 v_x}{\partial x^2}+\dfrac{\partial^2 v_x}{\partial y^2}\right)\\ y\text{ 方向}:\rho\left(v_x\dfrac{\partial v_y}{\partial x}+v_y\dfrac{\partial v_y}{\partial y}\right)=-\dfrac{\partial p}{\partial y}+\eta\left(\dfrac{\partial^2 v_y}{\partial x^2}+\dfrac{\partial^2 v_y}{\partial y^2}\right)\end{cases} \tag{7-40}$$

考虑到：①物料在两辊筒之间流动时，由于 $R \gg H_0$，所以在离辊距中心 O 不远的一段流道内，流道宽度变化不大，即 $\frac{\partial h(x)}{\partial x} \ll 1$；②物料主要在 x 方向流动，即 $v_x \gg v_y$，且剪切应力的变化主要发生在 y 方向，即 $\frac{\partial \sigma_{xy}}{\partial x} \to 0$。这样就可以把原来物料在 x-y 平面的二维流动，在一段流道内简化为只沿 x 方向的一维流动。这种简化假定被称为润滑近似假定（lubrication approximation）。此外，又考虑到高分子加工的流速较慢，高分子流体黏度较大，雷诺数较小，因此运动方程中重力和惯性力项可以忽略，那么 x 方向和 y 方向上的运动方程可以简化为：

$$\begin{cases} x\text{ 方向}：-\dfrac{\partial p}{\partial x}+\eta\left(\dfrac{\partial^2 v_x}{\partial x^2}+\dfrac{\partial^2 v_x}{\partial y^2}\right)=0 \\ y\text{ 方向}：-\dfrac{\partial p}{\partial y}=0 \end{cases} \tag{7-41}$$

通过简化的运动方程，可以进一步得到两辊间物料流动速度分布与压力分布。根据如下边界条件：

$$\begin{cases} v_x\big|_{y=\pm h(x)} \approx v, v_y\big|_{y=\pm h(x)} \approx 0 \\ \dfrac{\partial v_y}{\partial x}\Big|_{y=0}=\dot{\gamma} \approx 0 \end{cases} \tag{7-42}$$

将简化后的 x 方向上的运动方程式(7-41) 积分两次，可得牛顿流体流经两辊筒间隙流道内的速度分布：

$$v_x=v+\frac{1}{2\eta}\times\frac{\partial p}{\partial x}(y^2-h^2) \tag{7-43}$$

从上式不难发现，v_x 是坐标 y 的函数，而与坐标 x 的函数关系则隐含在 $h(x)$ 和 $p(x)$ 之中，不太明显。$h=h(x)$ 可以根据辊筒曲面的形状函数加以确定，而压力梯度 $p(x)$ 未知，因此这里 v_x 的解是不完全的。此外，还可看出 v_x 由两项组成，一项是常数 v（辊筒表面线速度），另一项是抛物线函数值。

通过辊距每单位宽度（辊筒轴向长度）的体积流量 Q 可由流速获得：

$$Q=2\int_0^h v_x \mathrm{d}y=2h\left(v+\frac{h^2}{3\eta}\times\frac{\partial p}{\partial x}\right) \tag{7-44}$$

那么压力梯度就很容易得到了：

$$\frac{\partial p}{\partial x}=\frac{3\eta}{h^2}\left(v-\frac{Q}{2h}\right) \tag{7-45}$$

显然，压力梯度是 $\frac{\partial p}{\partial x}$ 为坐标 x 的函数，不过同样隐含在 $h(x)$ 中，因此函数关系不够明确，需要进行变量替换。图 7-16 为两辊间的几何关系。可以看出：

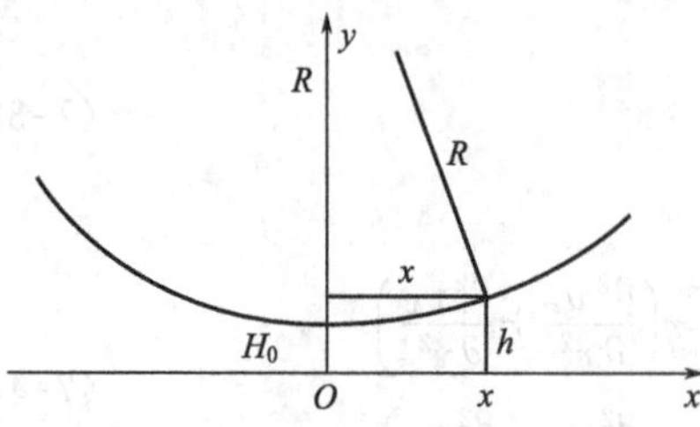

图 7-16　两辊间的几何关系

$$h=H_0+(R-\sqrt{R^2-x^2}) \tag{7-46}$$

在 $R \gg x$ 的流道内将上式根号项展开：

$$\begin{aligned} h&=H_0+\left[R-R\left(1-\frac{1}{2}\times\frac{x^2}{R^2}+\cdots\right)\right] \\ &=H_0\left(1+\frac{x^2}{2RH_0}\right) \end{aligned} \tag{7-47}$$

为进一步简化压力梯度方程，并使之适用于不同规格的辊筒，故引入无量纲量。定义量纲为 1 的坐标 x'：

$$x'=\frac{x}{\sqrt{2RH_0}} \tag{7-48}$$

则有：

$$h=H_0(1+x'^2) \tag{7-49}$$

代入到式(7-45) 中，即得到压力梯度的微分表达式：

$$\frac{\partial p}{\partial x}=\sqrt{2RH_0}\frac{3\eta}{h^2}\left(v-\frac{Q}{2h}\right)=\frac{\eta v}{H_0}\sqrt{\frac{18R}{H_0}}\times\frac{1}{(1+x'^2)^3}(x'^2-\lambda^2) \tag{7-50}$$

其中参数 λ 定义为：

$$\lambda=\frac{Q}{2vH_0}-1 \tag{7-51}$$

其物理意义为，当 $x'=\pm\lambda$ 时，压力梯度 $\frac{\partial p}{\partial x}=0$。也就是说，$\lambda$ 位于两辊筒间物料的压力取极值的位置。在 $x'=-\lambda$ 处，辊筒间物料内的压力取极大值；而在 $x'=+\lambda$ 处，压力取极小值，极小值的位置就是物料脱辊处。胶料脱离辊筒时，物料内的压力为常压 $p_0=0$。由此可见，λ 值就是物料脱辊处的量纲为一坐标值，是一个可以测量的参数，依赖于物料自身本体性质、流动过程中的黏弹性质以及工艺条件比如流量 Q、辊距 H_0、辊速 v 等。

对压力梯度的微分表达式积分，可求得辊筒间的压力分布：

$$p(x',\lambda)=\frac{\eta v}{H_0}\sqrt{\frac{18R}{H_0}}[G(x',\lambda)+C] \tag{7-52}$$

式中：

$$G(x',\lambda)=\left[\frac{x'^2-1-5\lambda^2-3\lambda^2x'^2}{(1+x'^2)^2}\right]x'+(1-3\lambda^2)\arctan x'$$

$$C=\frac{(1+3\lambda^2)\lambda}{1+\lambda^2}+(1-3\lambda^2)\arctan\lambda$$

C 为积分常数，由边界条件 $x'=\lambda$，$p=p_0=0$ 获得。显然，压力分布是坐标 x'与参数 λ 的函数，因此记为 $p=p(x', \lambda)$。由压力分布表达式计算可以得到物料内压力沿辊筒间流道长度方向的分布，如图 7-17 所示。图中横坐标取量纲为 1 的坐标 x'，代表流道长度；纵坐标为量纲为 1 的压力 p'。

由图可见，流道内物料压力分布存在一个极大值，两个极小值。极大值的位置在辊距之前 $x'=-\lambda$ 处。此处压力梯度 $\frac{\partial p}{\partial x}=0$，$G(-\lambda,\lambda)=C$，故压力极大值 p_{max} 等于：

$$p(-\lambda,\lambda)=p_{max}\frac{2C\eta v}{H_0}\sqrt{\frac{9R}{32H_0}} \tag{7-53}$$

而在 $x'=+\lambda$ 处，同样压力梯度 $\frac{\partial p}{\partial x}=0$，但该处物料内压力为极小值，$G(-\lambda,\lambda)=-C$，因此 $p(\lambda,\lambda)=0$，等于大气压。此点为物料脱离辊筒表面的位置，称为出料处。图 7-17 中还有一个压力极小值在 $x'=-x_0'$处，这实际上是物料进入辊筒处（吃料处），此处物料尚未承受辊筒压力，故压力 $p(-x_0',\lambda)=0$，$G(-x_0',\lambda)=-C$。

而在最小辊距处，$x'=0$，$G(0,\lambda)=0$，有：

$$p(0,\lambda)=\frac{C\eta v}{H_0}\sqrt{\frac{9R}{32H_0}}=\frac{p_{max}}{2} \tag{7-54}$$

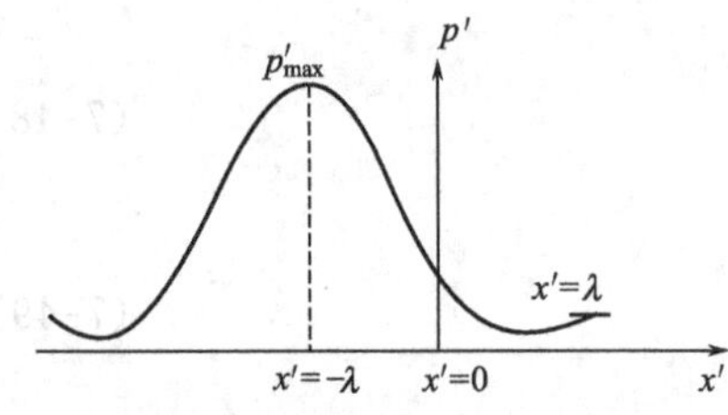

图 7-17　物料内压力沿辊筒间流道长度方向的分布

因此，在两辊筒间最小辊距处，物料内压力并非取极大值，而是最大压力的一半。物料中的最大压力是在物料进入最小辊距之前的一段距离上达到的。

一般我们把系数$\dfrac{C\eta v}{H_0}\sqrt{\dfrac{9R}{32H_0}}$称为压力基本常数，标志着辊筒内物料承受压力的数量级。不难看出，由于高分子熔体黏度较高，而辊筒间距通常较小，因此两辊筒间物料承受的压力可达 10^6 Pa 以上，可见辊筒产生的压力是相当大的。

在压力分布的基础上，辊筒间物料的速度分布很容易得到。将压力梯度式(7-50) 代入速度分布式(7-43)，并用变量 x'代换 x，y'代换 y，y'定义为：

$$y'=\frac{y}{h}=\frac{y}{H_0}\times\frac{1}{(1+x'^2)} \tag{7-55}$$

可得无量纲的速度分布公式：

$$\frac{v_x}{v}=\frac{2+3\lambda^2(1-y'^2)-x'^2(1-3y'^2)}{2(1+x'^2)} \tag{7-56}$$

由此得到辊筒间物料流动的速度分布如图 7-18 所示。可以看到在 $x'=\pm\lambda$ 处，$v_x=v_0$。也就是说，在压力极大值处（$x'=-\lambda$，$p=p_{\max}$）和物料脱辊处（$x'=+\lambda$，$p=0$），物料流速等于辊筒表面线速度，此时速度梯度为零，即$\dfrac{\partial v_x}{\partial y}=0$。这就保证了料片速度均匀地被平稳压出。

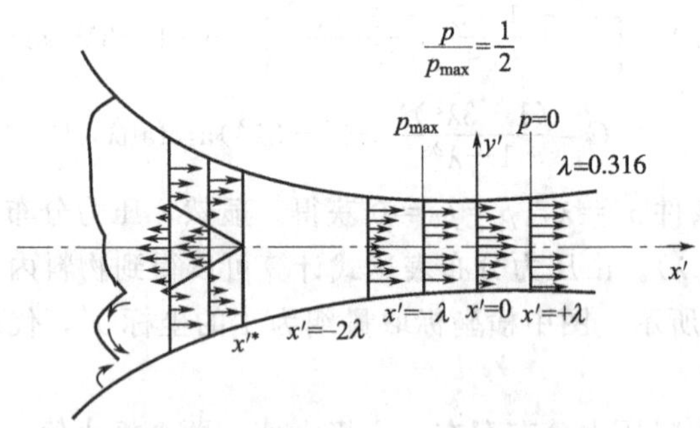

图 7-18　辊筒间物料流动的速度分布

将压力分布和速度分布结合起来，不难发现以 $p=p_{\max}$点为分界点，可把辊筒间的流道分为以下两个区。

① 在$-\lambda<x'<\lambda$ 区域内，前方压力小，后部压力大，$\dfrac{\partial p}{\partial x'}<0$，压差作用向前，形成正压力流，故在此区域内的速度分布呈凸面状。也就是说，在压力作用下，中间的流速逐渐比靠近辊面两边的快。在最小辊距处（$x'=0$），流速达到最大值，因而速度梯度也最大，出现了所谓“超前流速分布”现象。

② 在 $x'<-\lambda$ 的区域内（进料区），前方压力大，后部压力小，$\dfrac{\partial p}{\partial x'}>0$，形成反压力流。正的压力梯度阻碍了物料向前流动，因而中间的物料比两边的流速慢，故速度分布呈凹面形，出现了所谓“滞后流速分布”现象。随 x'减小，最终会出现这样一点 x'^*，在这一

点的物料流速分布中，中心线那一层物料（$y'=0$ 处）的流速等于零。该点称为滞留点或驻点（stagnation point）。驻点坐标 x'^* 满足：

$$(x'^*)^2=2(\lambda^2+1) \tag{7-57}$$

这表明，驻点 x'^* 是参数 λ 的函数。在常用的操作条件下，$\lambda^2=0.1$ 时，$x'^*=4.8\lambda$。而如前所述，λ 依赖于物料自身性质及操作工艺条件，因此驻点 x'^* 的位置与具体操作条件及物料性质有关，可根据需要加以调节，比如在压延工艺中不希望有物料大涡流（旋转运动）存在，同时为了便于吃料和进行补充混炼，一般在喂料辊入口处，有少量积存料。

而当 $x'<x'^*$ 时，流速分布呈现更复杂的情形。物料有的向前流，有的向后流，正负流速并存，故堆料在此会旋转运动（涡流），混炼时在这里加入配合剂，有助于物料均匀分散，提高混合的效果。

上面一一介绍了连续性方程、运动方程和能量守恒方程在几个典型的加工过程中的应用。总的来说过程很简单，一般的分析方法和步骤大致是：对实际问题作必要的假设，以简化模型（如简化运动方程和能量方程，以解得压力分布和温度分布等），引入本构方程（流变状态方程）和边界条件，联立求解，得出应力、速度等物理量分布的方程，再进一步求别的物理量。不过一方面由于高分子是黏弹性流体，其流变问题很复杂，同时加工过程中的许多工艺参数是非稳态的，因此简化的物理模型往往只能较为粗糙地应用，即便修正后也或多或少有所欠缺。如何运用这些基础方程来贴切的解决聚合物加工流变过程的实际问题，对于高分子材料专家来说的确是一个复杂的难题。

参 考 文 献

[1] 周彦豪编．聚合物加工流变学基础．西安：西安交通大学出版社，1988.

[2] 许元泽著．高分子结构流变学．成都：四川教育出版社，1988.

[3] 陈文芳著．非牛顿流体力学．北京：科学出版社，1984.

[4] 金日光主编．高聚物流变学及其在加工中的应用．北京：化学工业出版社，1986.

[5] 古大冶著．高分子流体动力学．成都：四川教育出版社，1988.

[6] 南京化工学院等合编．聚合过程及设备．北京：化学工业出版社，1981.

[7] 江体乾著．工业流变学．北京：化学工业出版社，1995.

[8] 吴大诚，Hsu S L著．高分子的标度和蛇形理论．成都：四川教育出版社，1989.

[9] 雷纳 M著．理论流变学讲义．郭友中，王武陵，杨植之，葛修润，吴景浓，刘雄译．北京：科学出版社，1965.

[10] [英]巴勒斯 H A，赫顿 JH，瓦尔特斯 K著．流变学导引．吴大诚，古大冶等译．北京：中国石化出版社，1992.

[11] 塔德莫尔 Z，戈戈斯 C G著．聚合物加工原理．耿孝正，阎琦，许澍华译．北京：化学工业出版社，1990.

[12] [美]米得尔曼 S著．聚合物加工基础．赵得禄，徐振森译．北京：科学出版社，1984.

[13] [美]韩 C D著．聚合物加工流变学．徐僖，吴大诚等译．北京：科学出版社，1985.

[14] [英]伦克 R S编著．聚合物流变学．宋家琪，徐支祥，戴耀松译．北京：国防工业出版社，1983.

[15] 周持兴著．聚合物流变实验与应用．上海：上海交通大学出版社，2003.

[16] 周持兴，俞炜著．聚合物加工理论．北京：科学出版社，2004.

[17] 顾国芳，浦鸿汀著．聚合物流变学基础．上海：同济大学出版社．2000.

[18] 吴其晔，巫静安著．高分子材料流变学．北京：高等教育出版社，2004.

[19] 王玉忠，郑长义著．高聚物流变学导论．成都：四川大学出版社，1993.

[20] Jean Louis Darrat，Jean Pierre Hansen. Basic Concepts for Simple and Complex Liquids. Cambridge University Press，2003.

[21] Ronald G. Larson. Constitutive Equations for Polymer Melts and Solutions. Butterworth Publishers，1988.

[22] Montgomery T. Shaw，William J. MacKnight. Introduction to Polymer Viscoelasticity (3rd Edition). John Wiley & Sons，Inc. 2005.

[23] Rakesh K. Gupta. Polymer and Composite Rheology (2nd Edition，Revised and Expanded). Marcel Dekker，Inc. 2000.

[24] Christopher W. Macosko. Rheology：Principles，Measurements and Applications. John Wiley & Sons，Inc. 1994.

[25] Ronald G. Larson. The Structure and Rheology of Complex Fluid. Oxford University Press，1999.

[26] John D. Ferry. Viscoelastic Properties of Polymers (3rd Version). John Wiley & Sons，Inc. 1980.